T0123649

essentials

essentials liefern aktuelles Wissen in konzentrierter Form. Die Essenz dessen, worauf es als „State-of-the-Art" in der gegenwärtigen Fachdiskussion oder in der Praxis ankommt. *essentials* informieren schnell, unkompliziert und verständlich

- als Einführung in ein aktuelles Thema aus Ihrem Fachgebiet
- als Einstieg in ein für Sie noch unbekanntes Themenfeld
- als Einblick, um zum Thema mitreden zu können

Die Bücher in elektronischer und gedruckter Form bringen das Expertenwissen von Springer-Fachautoren kompakt zur Darstellung. Sie sind besonders für die Nutzung als eBook auf Tablet-PCs, eBook-Readern und Smartphones geeignet. *essentials:* Wissensbausteine aus den Wirtschafts-, Sozial- und Geisteswissenschaften, aus Technik und Naturwissenschaften sowie aus Medizin, Psychologie und Gesundheitsberufen. Von renommierten Autoren aller Springer-Verlagsmarken.

Weitere Bände in dieser Reihe http://www.springer.com/series/13088

Andreas Gadatsch · Holm Landrock

Big Data für Entscheider

Entwicklung und Umsetzung datengetriebener Geschäftsmodelle

Andreas Gadatsch
Sankt Augustin, Deutschland

Holm Landrock
Berlin, Deutschland

ISSN 2197-6708 ISSN 2197-6716 (electronic)
essentials
ISBN 978-3-658-17339-5 ISBN 978-3-658-17340-1 (eBook)
DOI 10.1007/978-3-658-17340-1

Die Deutsche Nationalbibliothek verzeichnet diese Publikation in der Deutschen Nationalbibliografie; detaillierte bibliografische Daten sind im Internet über http://dnb.d-nb.de abrufbar.

Springer Vieweg

Gedruckt auf säurefreiem und chlorfrei gebleichtem Papier

Springer Vieweg ist Teil von Springer Nature
Die eingetragene Gesellschaft ist Springer Fachmedien Wiesbaden GmbH
Die Anschrift der Gesellschaft ist: Abraham-Lincoln-Str. 46, 65189 Wiesbaden, Germany

Was Sie in diesem *essential* finden können

- Kompakter Einstieg in Big Data
- Überblick über verschiedene Einsatzbereiche und Datenquellen für Big Data
- Vorgehensmodelle für die Einführung von Big Data Projekten
- Beispiele für mögliche Anwendungsszenarien für Ihr Unternehmen
- Hinweise auf weiterführende Spezialliteratur und Studien zu Big Data für Personen, die an entsprechenden Projekten beteiligt sind oder diese leiten wollen

Inhaltsverzeichnis

1 Big Data – Datenanalyse als Eintrittskarte in die Zukunft

Grundlagen und zentrale Begriffe

Andreas Gadatsch

Big Data ist eine innovative Herausforderung für Anwender und IT.

1.1 Big Data – Buzzword, Trend oder Technologie?

Informationen sind immaterieller Natur und werden auch nach mehrfacher Nutzung nicht verbraucht. Der Käufer einer Information erhält i. d. R. eine Kopie des Originals. Anders ist der Sachverhalt bei einem Käufer eines Gegenstandes, hier wechselt der Gegenstand den Besitzer. Der Wert einer Information hängt daher vor allem von der Art der Benutzung ab. Moderne Volkswirtschaften benötigen neben den klassischen Produktionsfaktoren wie Arbeit, Boden und Kapital zunehmend mehr Informationen. Aus diesem Grund wird Big Data auch das Öl des 21. Jahrhunderts genannt (Fischermann und Herrmann 2013).

Big Data wird seit einigen Jahren in Forschung und Praxis zunehmend als Werkzeug für das Informationsmanagement diskutiert (Seufert 2014). In der öffentlichen Diskussion werden gerne innovative und plakative Lösungsansätze mit Big Data verknüpft und im Zuge der „Digitalisierung" von der Gesellschaft thematisiert. So veröffentlichte das ZDF schon 2014 unter der Überschrift „New York: Mit Big-Data löschen, bevor es brennt" ein Szenario, bei dem die Stadt New York das bisher genutzte „Bauchgefühl" ihrer Feuerwehrleute für die Brandvorsorge durch einen innovativen Algorithmus unterstützt, der Häuser mit höherer Brandwahrscheinlichkeit identifiziert. Verwendet werden bis zu 60 Risikofaktoren,

A. Gadatsch und H. Landrock, *Big Data für Entscheider,* essentials,
DOI 10.1007/978-3-658-17340-1_1

z. B. Alter der Häuser, Zustand der Rauchmelder u. a. Daten aus überwiegend öffentlich zugänglichen Quellen (Krüger 2014).

Wie wichtig „Big Data“ als Meilenstein für eine neue Ära der Informationstechnik ist, zeigt sich an aktuellen Trends wie dem sogenannten „Cognitive Computing“ (selbstlernende Computersysteme), die durch das IBM-System „Watson“ 2011 einer großen Öffentlichkeit bekannt geworden sind (vgl. BITKOM 2015b) und teilweise unbemerkt schon täglich Prozesse unterstützten (z. B. die Sprachsteuerung „Siri“ der Firma Apple). Die zugrundliegenden technischen Verfahren erzeugen ihrerseits Unmengen an Daten, die einerseits durch diese neuartigen technischen Trends analysiert werden und andererseits auch Fachverfahren mit Daten versorgen.

Urheberschaft

Die Urheberschaft für den Begriff „Big Data“ ist jedoch nicht eindeutig zu klären (Klein et al. 2013), obwohl es sich um einen stark wachsenden Markt handelt (Landrock und Gadatsch 2015). Häufig wird von Big Data gesprochen, wenn mehrere sogenannte „V“s in einer Applikation zusammentreffen: Data Volume (hohes Mengenvolumen), Data Velocity (zeitnahe Verarbeitung) und Data Variety (Vielfalt möglicher Daten). Später kamen weitere „Vs“ hinzu (vgl. Bachmann et al. 2014): Werthaltigkeit (Value) und Widerspruchsfreiheit (Validity) der Daten (Abb. 1.1).

Gelegentlich werden konkurrierende Begriffe verwendet, die einen spezifischen Fokus von Big Data betonen: „Smart Data“ betont beispielsweise die sinnvolle Datenverwendung oder „Fast Data“ die Geschwindigkeit der Verarbeitung.

Der Datenwert betont die Schaffung neuer Werte durch die automatisierte Auswertung der Daten mit komplexen statistischen Methoden zur Datenanalyse und Mustererkennung (Data Mining, Text und Bildanalyse, Prognosemodelle, u. a.). Durch die gestiegene Datenmenge und -vielfalt lässt sich der Aspekt der Widerspruchsfreiheit nur mit zusätzlichem Aufwand (Prüfungen/Plausibilisierungen) sicherstellen, wie sie im Bereich der klassischen Business Intelligence bereits bekannt sind.

Definition

Eine in Deutschland häufig genutzte Definition stammt vom Industrieverband der Informations- und Kommunikationstechnikunternehmen Bitkom: „Big Data ist die (…) wirtschaftlich sinnvolle Gewinnung und Nutzung entscheidungsrelevanter Erkenntnisse aus qualitativ vielfältigen und unterschiedlich strukturierten Informationen, die einem schnellen Wandel unterliegen und in bisher ungekanntem Umfang anfallen“ (Bitkom 2012). Der Industrieverband hat in Ergänzung dazu einen Managementleitfaden entwickelt, der in mehreren Kernthesen die Bedeutung von Big Data für die Gesellschaft insgesamt thematisiert (Bitkom 2013):

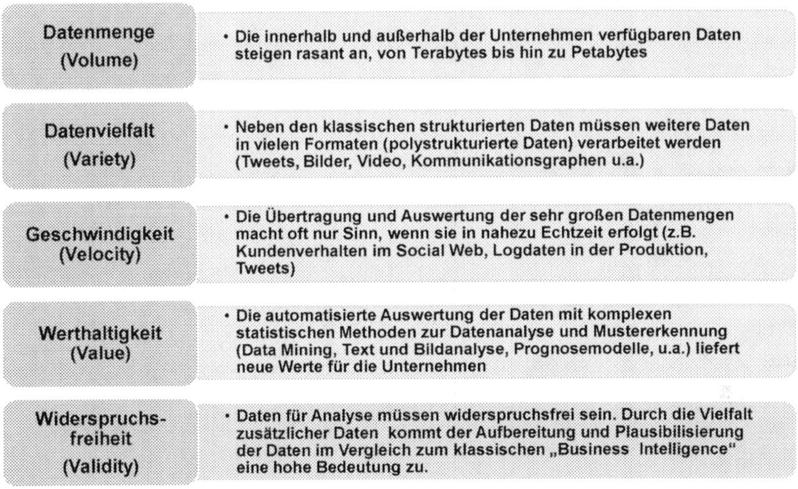

Datenmenge (Volume)	• Die innerhalb und außerhalb der Unternehmen verfügbaren Daten steigen rasant an, von Terabytes bis hin zu Petabytes
Datenvielfalt (Variety)	• Neben den klassischen strukturierten Daten müssen weitere Daten in vielen Formaten (polystrukturierte Daten) verarbeitet werden (Tweets, Bilder, Video, Kommunikationsgraphen u.a.)
Geschwindigkeit (Velocity)	• Die Übertragung und Auswertung der sehr großen Datenmengen macht oft nur Sinn, wenn sie in nahezu Echtzeit erfolgt (z.B. Kundenverhalten im Social Web, Logdaten in der Produktion, Tweets)
Werthaltigkeit (Value)	• Die automatisierte Auswertung der Daten mit komplexen statistischen Methoden zur Datenanalyse und Mustererkennung (Data Mining, Text und Bildanalyse, Prognosemodelle, u.a.) liefert neue Werte für die Unternehmen
Widerspruchs-freiheit (Validity)	• Daten für Analyse müssen widerspruchsfrei sein. Durch die Vielfalt zusätzlicher Daten kommt der Aufbereitung und Plausibilisierung der Daten im Vergleich zum klassischen „Business Intelligence" eine hohe Bedeutung zu.

Abb. 1.1 5 Vs von Big Data. (Bachmann et al. 2014)

- Im Zuge der Digitalisierung treten Daten als vierter Produktionsfaktor neben Kapital, Arbeitskraft und Rohstoffe auf,
- viele Unternehmen werden konventionelle und neue Technologien kombinieren, um Big-Data-Lösungen für sich nutzbar zu machen,
- der überwiegende Teil der in Unternehmen vorliegenden Daten ist unstrukturiert, kann aber in eine strukturierte Form überführt und Analysen zugänglich gemacht werden,
- empirische Studien belegen den wirtschaftlichen Nutzen von Big Data in vielen Einsatzgebieten,
- einige Funktionsbereiche sind für den Big-Data-Einsatz prädestiniert wie z. B. Marketing und Vertrieb, Forschung und Entwicklung, Produktion sowie Administration,
- der Einsatz von Big-Data-Methoden sollte bereits in der Konzeptionsphase rechtlich geprüft werden
- hohe zweistellige Wachstumsraten untermauern die wirtschaftliche Bedeutung von Big-Data-Lösungen
- Es ist im volkswirtschaftlichen Interesse, Erfahrungen und Best Practices bei der Nutzung von Big Data effektiv zu kommunizieren.

In einer anderen Definition von Big Data wird von der Experton Group im Rahmen einer Marktstudie betont, dass Big Data kein Hype und keine „disruptive" Technologie ist, sondern ein technologischer Trend. Dementsprechend lässt sich Big Data auch nicht an klassische Hype-Cycles koppeln.

Merkmale von Big Data

Zentrale Merkmale von Big Data sind:

- eine große Anzahl von (unterschiedlichen) Datenquellen – egal ob Datenbanken, Datenströme aus Analgen und Maschinen oder Daten auf mobilen Endgeräten,
- eine sehr schnelle Verarbeitungszeit,
- eine Datenmenge im Terabytes- oder Petabytes-Bereich sowie
- eine sehr hohe Anzahl an Nutzern von Berechnungsergebnissen (Kurzlechner 2013).

Im Grunde genommen ist der Begriff „Big Data" etwas irreführend, weil die Wortkombination bei vielen Personen negative Assoziationen hervorruft („Big Brother" führt zur Überwachung und Kontrolle durch umfassende Datenanalyse). Unternehmen verwenden daher auch kaum den Begriff Big Data in ihren Projekten, sondern stellen die sachbezogene Projektziele wie z. B. die Erhebung von Kundendaten für Marketingzwecke oder die Analyse von Turbinendaten von Windrädern für die vorsorgliche Wartung in den Vordergrund. Der Bitkom hat diesen Aspekt aufgegriffen deshalb auch Leitlinien für den verantwortungsvollen Einsatz von Big-Data-Technologien erarbeitet und im Internet frei zugänglich veröffentlicht (vgl. Bitkom 2015a).

Für die Analyse der Daten haben sich verschiedene, aufeinander aufbauende Ausprägungen und Begriffe etabliert:

- Beschreibung von Ereignissen: Was ist geschehen? (Descriptive Analytics),
- Diagnosen: Warum hat sich etwas ereignet? (Diagnostic Analytics),
- Vorhersagen: Was wird sich ereignen? (Predictive Analytics),
- Beschreibende Analysen: Wie können Daten die Ereignisse beeinflussen? (Prescriptive Analytics).

Die genannten Ausprägungen werden in der Praxis variierenden Darstellungen von Beratern und Unternehmen verwendet. Die erste den Verfassern bekannte Erwähnung geht auf (Lustig et al., IBM 2010) zurück.

1.2 Datenquellen

Aktuelle Trends wie „Industrie 4.0“, „Cloud-Computing“, „Social Web“ und „Mobile IT“ führen zu einem extremen Datenwachstum in vielen Bereichen der Gesellschaft. Bislang waren stationäre Rechenzentren der Kern der Unternehmens-IT und eine sehr wichtige Quelle für Reports und Analysen. Die klassischen Rechenzentren in den Unternehmen werden im Rahmen von Cloud-Computing ergänzt oder zumindest teilweise abgelöst. Die durch Unternehmen genutzten klassischen betrieblichen Informationssysteme (z. B. Enterprise Resource Planning Systeme) verarbeiten überwiegend strukturierte Daten, welche dauerhaft mit relationalen Datenbanken gespeichert und mit SQL-Anweisungen manipuliert (Anzeige, Änderung, Löschung der Daten) werden. Diese Verarbeitungsform wird zunehmend abgelöst durch eine dynamische Verarbeitung von nicht strukturierten Daten, die aus verschiedenen Quellen (Blogs, Soziale Netzwerke, YouTube, Twitter u. a.) stammen. Diese zum Teil sehr großen Datenmengen können mit enorm hoher Geschwindigkeit, im Idealfall in Echtzeit, verarbeitet werden, um zeitnah betriebswirtschaftliche Entscheidungen in Ergänzung zu den klassischen strukturierten Daten zu unterstützen (vgl. Abb. 1.2).

Neue Trends wie die Verbreitung von Technologien aus dem Bereich der künstlichen Intelligenz (KI) werden gegenwärtig von vielen Informationstechnik-Anbietern unter ganz unterschiedlichen Buzzwords propagiert. Besondern häufig werden dabei „Cognitive Computing“ und „Machine Learing“ genannt. Gemeint sind hier vor allem selbstlernende Systeme. Dieser Hype ist noch relativ jung, weshalb die jeweiligen Mechanismen und Verfahren sehr vage beschrieben werden. Für Big Data sind diese Hype-Themen insofern relevant, dass sie immer neue Datenquellen mit sich bringen, die in Analysen einbezogen werden.

Die klassischen Systeme liefern strukturierte Datensätze, wie Kundenaufträge, Bestellungen etc. aus Enterprise Ressource Planning Systemen (ERP), Supply-Chain-Management-Systemen (SCM) und Customer Relationship-Management-Systemen (CRM). Bei den neuen „Big-Data“-Anwendungen handelt es sich um Sensor- oder Logdaten, die z. B. laufend Daten aus der Produktion erzeugen oder Wetterdaten aufzeichnen. Zudem fallen mobile Anwendungen darunter, die mithilfe der RFID-Technologie klassische Bewegungsdaten aus Logistiksystemen oder zunehmend auch Verkehrsdaten erzeugen. Auch Social Web Anwendungen wie Twitter, Facebook u. a. soziale Netzwerke zählen zu den neuen Systemen. Sie erzeugen ebenfalls einen sehr großen Datenstrom, der für Big Data Analysen interessant ist.

Für das betriebliche Gesundheitsmanagement ist im Kontext von Big Data insbesondere die Vermischung von privater Zeit („Freizeit“) und dienstlich verbrachter

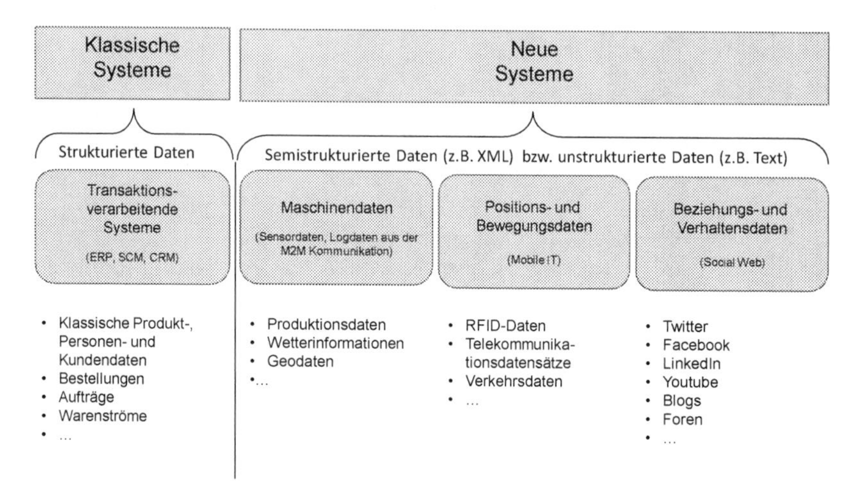

Abb. 1.2 Ausgewählte Datenquellen für Big Data

Zeit („Arbeitszeit") wichtig, weil eine Überlastung der Mitarbeiter negative Folgen für das Unternehmen hat. Zudem sind in den „Sozialdaten" des Social Web Informationen enthalten, die prinzipiell für das Gesundheitsmanagement relevant sein könnten.

1.3 Einsatzbereiche von Big Data

Die Anforderungen an Mitarbeiter sind in den letzten Jahren nicht zuletzt durch neue Medien und die immer komplexere Informations- und Kommunikationstechnologie gewachsen. Dies hat auch dazu geführt, dass sich das betriebliche Gesundheitswesen weiter professionalisieren musste. Ein Blick in eines der Standardwerke zeigt, dass die Zahl der Beschwerden und Erkrankungen ernst zu nehmen ist und von den Unternehmen aktiv beeinflusst werden muss, um die Gesundheit der Mitarbeiter zu erhöhen und hierbei die Kosten für die Unternehmen zu senken (z. B. Ulich und Wülser 2015, S. 6 ff.).

Die Einsatzpotenziale von Big-Data-Technologien sind breit und tief und kennen keine Branchengrenzen oder funktionale Einschränkungen. Sie sind universell nutzbar. Insbesondere das medizinische Umfeld ist häufiger Gegenstand der Berichterstattung geworden, da man hofft mit Big-Data-Technologien medizinische Prozesse zu beschleunigen (z. B. Gadatsch 2013, S. 102). Themen wie

„Frühwarnung vor Epidemien" oder „Fernüberwachung von Patienten" finden sich daher immer häufiger in der täglichen Berichterstattung.

So schrieb die Wochenzeitschrift „Die ZEIT" bereits 2012, dass Twitter zum Fieberthermometer der Gesellschaft wird, weil Twitter inzwischen ausreichend Daten liefert, um verwendbare Aussagen über den Gesundheitszustand der Bevölkerung zu treffen (Biermann 2012). Wenige Informationen sind dazu vorhanden, wie Big Data innerhalb der Unternehmen eingesetzt werden kann, um ähnliche Einsatzbereiche zu erschließen. Die Firma Google bietet bereits seit 2008 die Möglichkeit über den kostenlosen Dienst „Google Trends" in über 25 Ländern einen Algorithmus zur Analyse der Korrelation von Suchbegriffanfragen mit Grippeerkrankungen (Google o. J.).

Andererseits wird kritisiert, dass die Vorhersage von Erkrankungswellen nur einmalig anhand von Suchmaschinen-Anfragen vorausberechnet werden konnten. Mit dem Wissen über die Vorhersage wurden zu Beginn einer weiteren Erkrankungswelle zu viele Fragen aus betroffenen und nicht betroffenen Regionen gemessen, sodass das Ergebnis verfälscht worden ist. An diesem Beispiel lässt sich auch sehr gut erläutern, dass die Prognosen sehr komplex formuliert werden müssen und auch Fehler aus den Daten oder mutwillige Beeinflussungen berücksichtigt werden müssen. Das gilt selbstverständlich auch für Daten aus sogenannten Social Media, wo sowohl eine gegenseitige Beeinflussung wie auch Falschinformationen möglich sind.

Ein Grund ist darin zu sehen, dass die Unternehmen insgesamt gesehen noch nicht sehr weit sind, die Potenziale für Big Data zu erschließen. Ein weiterer Grund besteht möglicherweise darin, dass bei personenbezogenen Daten, die im betrieblichen Gesundheitsmanagement naturgemäß anfallen, der Einsatz von Big-Data-Technologien besonderen Schutzvorschriften unterliegt.

1.4 Einsatz im Unternehmenscontrolling

Das Unternehmenscontrolling ist ein häufig genannter Einsatzbereich für Big Data. Bislang haben Controller vorwiegend ERP-Systeme und Datawarehouse-Lösungen verwendet, um an Daten zu gelangen (Becker et al. 2013). Diese Informationsquellen stellen aber vor allem strukturierte Daten bereit, wie z. B. Umsatz oder Gewinn aus Kundenaufträgen, Lagerbestände oder Abverkäufe von Waren. Nicht strukturierte Informationen aus dem Social Web oder auch Echtzeitdaten von Maschinen aus der Produktionshalle stehen noch selten für die Analyse zur Verfügung. Controlling ist in die Zukunft gerichtet und versucht möglichst früh Trends und Entwicklungen zu erkennen. Daher kann diese betriebswirtschaftliche Disziplin sehr stark von den Big-Data-Technologien profitieren. In Abb. 1.3 sind ausgewählte Beispiele für mögliche Zukunftsszenarien aufgeführt (Gadatsch 2016).

- **Produktionscontrolling:** In diesem Sektor sind bereits zahlreiche Lösungen in der Praxis implementiert worden. Der Anbieter „Blue Yonder“ berichtet von einer Predictive Maintenance Lösung. So kann die implementierte Software anhand von systematisch ausgewerteten Maschinendaten frühzeitig erkennen, bei welchen Anlagen weltweit demnächst technische Probleme auftauchen könnten (Blue Yonder 2015).
- **Vertriebscontrolling:** Analyse des Kundenverhaltens, Vorhersage von abspringenden Kunden, Echtzeitanalyse der Wirksamkeit von Werbekampagnen.
- **IT-Controlling:** Im IT-Betrieb sind Störungen zu minimieren. Die Vorhersage von Betriebsausfällen und Störungen oder Häufungen von Benutzeranfragen können dazu beitragen, die Stabilität der Informationssysteme zu verbessern und infolge dessen die Personalplanung zu vereinfachen.
- **Finanzcontrolling:** Eine klassische Anwendung ist die Betrugserkennung bei Zahlungsvorgängen, möglichst in Echtzeit. Die von Finanz- und Kreditkartenunternehmen entwickelten Algorithmen lassen sich auch auf interne Zahlungsströme übertragen.
- **Personalcontrolling:** Der Mangel an gut ausgebildeten Fachkräften kann durch die Früherkennung von abwanderungswilligen Mitarbeitern gemildert werden, wenn zeitnahe Gegenmaßnahmen getroffen werden können.
- **Innovationscontrolling:** Big Data kann bestehende Geschäftsmodelle nur optimieren. Deshalb arbeiten die großen ITK-Anbieter intensiv daran, neue datengetriebenen Geschäftsmodelle zu entwickeln, um Sie Ihren Kunden in relevanten Branchen (insbesondere Energie, Gesundheit, Fahrzeuge, Facilities) anzubieten. Hier werden Daten in speziellen Informationssystemen gesammelt

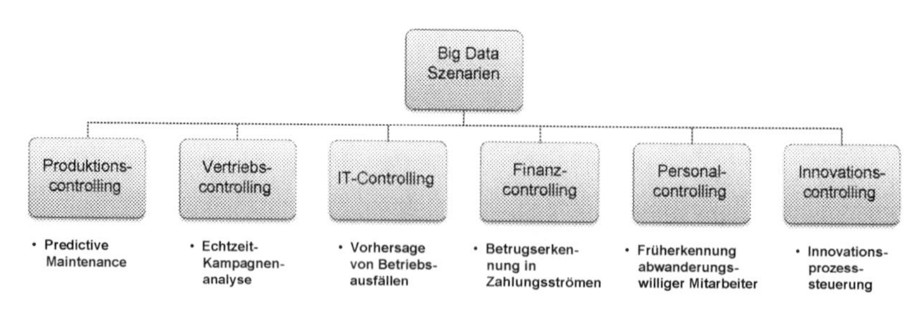

Abb. 1.3 Zukunftsszenarien im Controlling

(Data Lake = IT-Infrastruktur zur Sammlung und Aufbereitung von großen Datenmengen), für innovative Geschäftsmodelle ausgewertet und den Kunden bereitgestellt. So könnten Services wie Kundenprognose auf der Basis von Verkehrsinformationen aller Art den Anbietern von Car Sharing bereitgestellt werden (z. B. Wo wird in der nächsten halben Stunde jemand vermutlich ein Fahrzeug benötigen?). Innovationscontroller müssen Prozesse zur Ideengewinnung und deren Umsetzung im Unternehmen begleiten und ggf. steuern.

1.5 Zusammenfassung

- Big Data ist kein vorübergehender Trend, sondern eine wichtige Grundlage für die anstehende Digitalisierung der Prozesse und der Geschäftsmodelle vieler Unternehmen
- Der Begriff Big Data wird mit verschiedenen Attributen verbunden: Nutzung verschiedenster Datenquellen und Formen, sehr schnelle Verarbeitung von sehr großen Datenmengen, Einsatz für innovative Geschäftsmodelle
- Die Einsatzbereiche sind nicht limitiert, aktuell dominieren Anwendungsbeispiele im Controlling, Marketing und Finanzwesen
- Big Data sollte nicht an dem schnellen ROI, sondern an der nachhaltigen Entwicklung neuer Geschäftsmodelle oder neuer Geschäftsprozesse gemessen werden
- Cognitive Computing, Künstliche Intelligenz und maschinelles Lernen sind aktuelle Trends, die für immer neue Daten sorgen, deren Analyse wiederum zu neuen Erkenntnissen führen kann.

Literatur

Bachmann, R.; Kemper, G.; Gerzer, T. (2014): Big Data – Fluch oder Segen, Unternehmen im Spiegel gesellschaftlichen Wandels., S. 23–29

Becker, W.; Ebner, R.; Mayer, T.; Ulrich, P. (2013): Controlling-Instrumente in mittelständischen Unternehmen, Ergebnisse einer aktuellen Online-Befragung in: Controller-Magazin, Heft 3, S. 58–62

Biermann, K. (2012): Big-Data – Twitter wird zum Fieberthermometer der Gesellschaft, Die Zeit, 03.04.2012, http://www.zeit.de/digital/internet/2012-04/twitter-krankheiten-nowcast, Abruf 23.03.2015

Bitkom (Hrsg.) (2012): Big Data im Praxiseinsatz – Szenarien, Beispiele, Effekte, Berlin

Bitkom (Hrsg.) (2013): Leitfaden Management von Big-Data Projekten, Berlin

Bitkom (Hrsg.) (2015a): Leitlinien für den Big Data Einsatz, Berlin

Bitkom (Hrsg.) (2015b): Pressemitteilung „Rasantes Wachstum für Cognitive Computing", Berlin, 18.05.2015, https://www.bitkom.org/Presse/Presseinformation/Rasantes-Wachstum-fuer-Cognitive-Computing.html, Abruf 05.12.2016

Blue Yonder (2015) White Paper Vorausschauende Wartung, Karlsruhe

Experton Group (Hrsg.) (2016) : Big Data Vendor Benchmark 2016, Big-Data-Lösungsanbieter und -Dienstleister im Vergleich – Deutschland, München

Fischermann, T.; Hamann, G. (2013): Wer hebt das Datengold, in: DIE ZEIT, 03.01.2013, S. 17–19

Gadatsch, A. (2013): IT-gestütztes Geschäftsprozessmanagement im Gesundheitswesen, Wiesbaden

Gadatsch, A. (2016): Die Möglichkeiten von Big Data voll ausschöpfen, Controlling & Management Review, Sonderheft 1/2016, S. 62–66

Google (Hrsg.) Fluetrends, o.J., Krüger, A.: New York: Mit Big-Data löschen, bevor es brennt, in ZDF heute.de, 15.02.2014, online im Internet: http://www.heute.de/big-data-feuerwehr-in-new-york-algorithmus-zeigt-wo-es-zu-brand-kommen-koennte-31954960.html, Abruf am 10.03.2014

Klein, D.; Tran-Gia, P.; Hartmann, M. (2013): Big Data, Informatik Spektrum, Band 36, Heft 3, Juni 2013, S. 319–323

Kurzlechner, W. (2013): Szenarien und Kulturwandel, Leitfaden für Big Data von Experton, in: Computerwoche, online im Internet, http://www.computerwoche.de/a/leitfaden-fuer-big-data-von-experton,2534601, 18.03.2013

Landrock, H.; Gadatsch, A (2015a): Big Data Vendor Benchmark 2016: Der Markt für Big Data in Deutschland, in: Experton Newsletter 45/2015, 06.11.15

Landrock, H.; Gadatsch, A (2015b): Big Data Vendor Benchmark 2016: Der Markt für Big Data in Deutschland, in: Experton Newsletter 45/2015, 06.11.15

Landrock, H.; Gadatsch, A (2015c): Big Data Vendor Benchmark 2016: Die Lösungen sind vorhanden, jetzt müssen Investitionen folgen, in: Experton Newsletter 42/2015, 16.10.15

Lustig, I., Dietrich, B., Johnson, C., Dziekan, C. (2010): An IBM view of the structured data analysis landscape: descriptive, predictive and prescriptive analytics, The Analytics Journey, November/December 2010, http://analytics-magazine.org/the-analytics-journey/

Ulich, E.; Wülser, M. (2015): Gesundheitsmanagement im Unternehmen, 6. Auflage, Wiesbaden

Seufert, A. (2014): Entwicklungsstand, potenziale und zukünftige Herausforderungen von Big Data – Ergebnisse einer empirischen Studie, in: HMD, 10.05.2014, DOI: 10.1365/S.40702-0140039-7

2 Zielsetzung von Big-Data-Projekten

Optimierung bestehender und Entwicklung neuer Geschäftsmodelle

Big-Data-Projekte sind oft Business Projekte.

2.1 Überblick über Ziele und Perspektiven

Die Zielsetzung von Big Data hängt von der jeweiligen Perspektive ab (vgl. Abb. 2.1). Für die Hersteller von Speicherlösungen, Hardware und Software bringt Big Data zunächst einmal eine Möglichkeit zur Ausweitung des Geschäftes. Wissenschaftler und Berater haben neuen Möglichkeiten zur Forschung bzw. für Consulting-Aufgaben. Für die IT-Abteilung bzw. den CIO bedeutet jedes „neue Thema" zunächst einmal eine Erweiterung des Aufgabenkataloges und noch mehr Arbeit. Für die Anwender ist der Nutzen wichtig, der sich aus Big Data erzielen lässt, und der ist im Vorfeld oft nicht klar erkennbar.

A. Gadatsch und H. Landrock, *Big Data für Entscheider*, essentials,
DOI 10.1007/978-3-658-17340-1_2

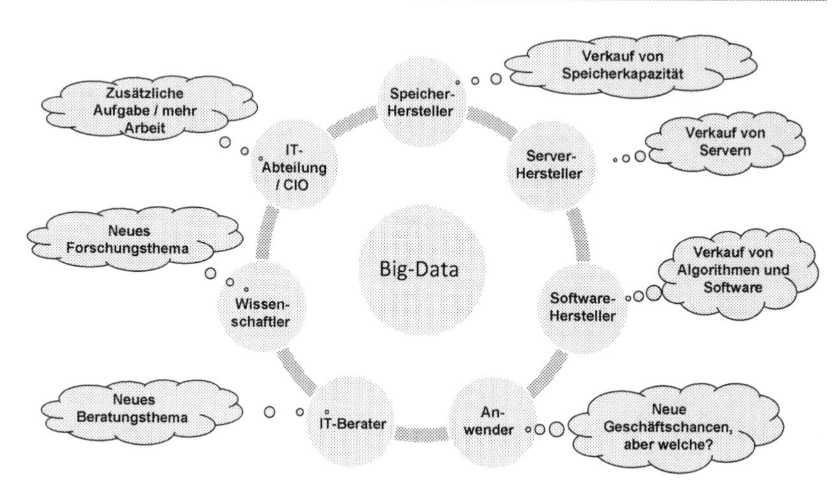

Abb. 2.1 Big-Data-Perspektiven

2.2 Mögliche Ziele für Big Data

Die Zielsetzung von Big Data hat sich in den letzten Jahren mehrfach geändert. Eine sehr frühe Zielstellung war es, Unternehmen dazu zu bewegen mit Hilfe von Big-Data-Technologien mehr Daten zu nutzen. Der Hintergrund des Ansatzes war, dass viele „Datenschätze" (z. B. Kundenverhalten) nicht gehoben wurden. Im Idealfall sollten also keine verfügbaren Daten ungenutzt bleiben und hieraus neue Erkenntnisse zu gewinnen. In diesem Zusammenhang ist es von Bedeutung auch auf Details in den Datenbeständen zu achten, wie z. B. unbekannte Zusammenhänge zwischen verschiedenen Datenelementen. Hierfür wurden von der Informations- und Telekommunikationsindustrie verschiedene Konzepte für das kostengünstige Speichern großer Datenmengen und auch das Wiederfinden entwickelt.

Ein sehr prominentes Beispiel für diese Zielsetzung ist das Produkt „MapReduce" von Google, dessen Grundprinzipien von der Open-Source-Community in Hadoop (Opern Source Framework zur Verarbeitung großer Datenmengen) verwendet worden sind um Daten parallel auf billiger Hardware deutlich schneller als zuvor zu verarbeiten. Um Hadoop herum hat sich eine große Vielfalt verschiedenster Software-Bausteine und Programmbibliotheken entwickelt (vgl. Bayer 2013). Mit diesen Lösungen lassen sich – ähnlich wie in früheren Jahren beim Open-Source-Betriebssystem Linux – durchaus komplexe Big-Data-Lösungen erstellen, genügend Entwicklungskapazitäten und genügend Zeit vorausgesetzt.

Mögliche Zielbereiche
Mit der Verfügbarkeit einer zunehmenden Anzahl von Big-Data-Technologien verschiebt sich der Fokus auch in einer Differenzierung der Zielstellung:

1. Mit der Existenz von Daten und der technischen Möglichkeit diese auch in bereits vorhandene klassische IT-Umgebungen (z. B. ERP-Systeme) zu importieren kann die Fähigkeit des Unternehmens zur Datenanalyse („Business Intelligence") verbessert werden. Hierbei steht insbesondere die Analyse von Kennzahlen im Vordergrund. Die Fortschritte in der Informationstechnik haben dazu geführt, dass immer größere Datenmengen in weniger Zeit analysiert werden können. Interessant werden diese Analysen, wenn Daten aus ganz neuen Quellen hinzugefügt (z. B. aus dem Social Web) und mit den bestehenden Daten (z. B. Kundenstamm, Kundenaufträge) werden.
2. Ein weiteres Ziel der Nutzung von großen, polystrukturierten Datenmengen (Zahlen, Texte, Bilder, Videos, Beziehungsdaten u. a.) könnten Prognosen über zukünftige Situationen sein. Dieser Ansatz ist in der Praxis unter dem Fachbegriff „Predictive Analytics" seit längerem bekannt. Im Rahmen der vorausschauenden Wartung von Maschinen aufgrund der Analyse von Sensordaten wird in diesem Kontext von „Predictive Maintenance" gesprochen. Große Anbieter von Turbinen und maschinellen Anlagen haben so die Möglichkeit, durch vorbeugende Handlungen die Qualität ihrer Produkte zu verbessern.
3. Mit der Berechnung von Kennzahlen oder anderen Erkenntnissen aus großen, bislang nicht zusammengeführten Datenbeständen entstehen auch Informationen, die selbst einen Wert darstellen. Derzeit wird noch intensiv darüber diskutiert, wie hoch der Wert eines einzelnen Datums ist, das mit Big-Data-Analysen gewonnen wurde. Die Nutzbarmachung der Daten kann sich auf die Optimierung eigener wie fremder Geschäftsprozesse auswirken. Hierdurch kann sich die Wertschöpfung des Unternehmens steigern.
4. Werden Daten aus unterschiedlichen Zusammenhängen zu neuen Informationen veredelt, werden sie auch für andere Unternehmen interessant und können ggf. auch am Markt angeboten werden. Das Unternehmen wird so zum Provider für Mehrwerte aus den originären Daten. Durch den Handel mit Informationen können neue Geschäftszweige und datengetriebene Geschäftsmodelle entstehen (z. B. hat Google mit „Google Maps" völlig neue Geschäftsmöglichkeiten erhalten, die auf Basis der Kartendienste und Realfotos entstanden sind).

Datenschutz und Datensicherheit
Dabei sind Datenschutz und Datensicherheit wichtige Rahmenparameter für die vielfältigen Big-Data-Szenarien. Die Berechnung des nächsten besten Angebots

für einen Verbraucher („next best offer") oder die Berechnung des Absprungverhaltens von Kunden („churn prediction", „churn prevention") können im Rahmen der Kennzahlenermittlung mit berechnet werden, sollten aber nicht den Schwerpunkt von Big-Data-Analysen bilden.

Sobald personenbezogene Daten Gegenstand von Analysen sind, gilt es, die in Deutschland umfangreichen gesetzlichen Bestimmungen und ggf. gesellschaftlichen Konventionen zu beachten. Auch wenn personenbezogene Daten durch Zweckbindung, Einwilligung, Unternehmensinteresse und viele andere Faktoren in Analysen eingebunden werden dürfen, ist es mitunter sinnvoll darauf zu verzichten. Unternehmen deren Produkte sich an Endverbraucher richten und daher im Blickfeld der Öffentlichkeit stehen, können Big-Data-Technologien auch in Form von neutralisierten (nicht personalisierten) Analysen nutzen.

2.3 Bitkom – Zielmodell

Ein Beispiel für ein sinnvoll strukturiertes Zielkonzept ist das Zielmodell des Branchenverbandes Bitkom (Bitkom 2013). Es unterscheidet vier Basiszielkategorien, abhängig davon ob vorhandene oder neue Daten verarbeitet werden und ob vorhandene Geschäftsmodelle weiterentwickelt oder neue Geschäftsmodelle entwickelt werden sollen (vgl. Abb. 2.2).

Aufwertung (vorhandenes Business mit vorhandenen Daten)
Bestehende Geschäftsmodelle und Dienstleistungen lassen sich auch durch neue Daten aufwerten. Beispiel sind hier bereits oft umgesetzt worden, wie die Integration von Wetterprognosen in Marketingaktivitäten.

Optimierung (vorhandenes Business mit vorhandenen Daten)
Die Optimierung vorhandener Geschäftsmodelle auf Basis vorhandener Daten ist sozusagen der Einstieg in das Big-Data-Business. Hier steht die verbesserte Nutzung von unternehmenseigenen Datenbeständen im Fokus. Ein typisches Beispiel ist das Ziehen von Rückschlüssen aus Kauf- und Online-Verhaltens der Kunden. Vorreiter dieses Ansatzes sind die Anbieter von Billig-Flügen, die ihre Gewinn-Management-Systeme mit einer Vielzahl von Parametern, z. B. aus dem Online-Verhalten, kombiniert und optimiert haben.

Monetarisierung (neues Business mit vorhandenen Daten)
Häufig lassen sich bereits mit vorhandenen Daten neue Geschäftsmodelle entwickeln. Als Beispiel lässt sich die anonymisierte Auswertung der Nutzer- und

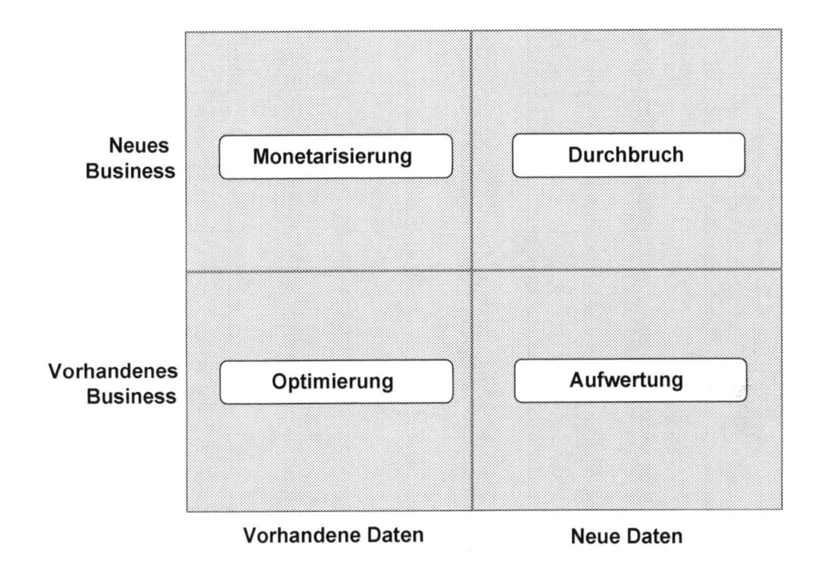

Abb. 2.2 Bitkom Zielmodell. (Bitkom 2013)

Standortdaten von Telefonnutzern zur Optimierung von lokalisierten Diensten und von ortsbezogener Werbung anführen.

Durchbruch (neues Business mit neuen Daten)
Dies ist die Königsklasse bei der Entwicklung neuer Geschäftsmodelle. Hier geht es um die Schaffung neuer Produkte oder Geschäftsmodelle mit neuen Daten, wie zum Beispiel ortsbezogene Leistungsprognosen für Betreiber von Solar- und Windparks oder die digitale Kartografie von Städten.

2.4 Zusammenfassung

- Die Zielsetzung von Big-Data-Projekten sind vielschichtig und ändern sich stetig
- Zu Beginn der Entwicklung standen Fragen der technischen Auswertung von mehr Daten im Vordergrund der Aktivitäten. Es wurde versucht aus vorhandenen Daten durch die Anwendung von statistischen Methoden neue Erkenntnisse zu gewinnen.

- Aktuell wird zunehmend versucht neue Geschäftsmodelle oder neue Geschäftsprozesse mithilfe zusätzlich erhobener oder abgeleiteter Daten zu entwickeln.
- Der Branchenverband Bitkom hat für seine Mitglieder aus der Informations- und Kommunikationstechnologie ein Modell für die Nutzung von Big-Data-Technologien entwickelt, das vier Kategorien der Nutzungsmöglichkeiten aufzeigt.

Literatur

Bayer, M. (2013): Hadoop – der kleine Elefant für die großen Daten, in: Computerwoche, 25.02.2013, online im Internet http://www.computerwoche.de/a/hadoop-der-kleine-elefant-fuer-die-grossen-daten,2507037,2, Abruf am 15.11.2016

Bitkom (2013) (Hrsg.): Leitfaden Management von Big-Data Projekten, Berlin, 2013

3 Einführung und Implementierung von Big Data

Andreas Gadatsch

Big-Data-Projekte erfordern Change Management.

3.1 Big Data als Chance für Change Management

Trotz des technisch klingenden Begriffs ist Big Data keine Softwarelösung, die man wie ein Betriebssystem oder eine Office-Suite kaufen und nutzen kann. Die „Einführung von Big Data" bringt in vielen Fällen eine grundlegende Veränderung zentraler Prozesse des Unternehmens unter Einsatz innovativer Technologien mit sich. Die „Einführung von Big Data" bedeutet also auch eine intensive Beschäftigung mit organisatorischen und persönlichen Veränderungen (Change Management).

Ähnliche Erfahrungen haben Unternehmen in den 1980er bis 1990er Jahren gemacht, als Sie ERP-Systeme eingeführt haben (Gadatsch 2012, S. 312 ff.). Damals starteten viele ERP-Einführungsprojekte zunächst als IT-Projekte und verliefen aufgrund von Widerständen bei Mitarbeitern und Führungskräften im Sande oder scheiterten, weil die organisatorischen Voraussetzungen (z. B. Einbeziehung von Unternehmensleitung, Fachabteilungen, Betriebsrat u. ä.) nicht gegeben waren.

A. Gadatsch und H. Landrock, *Big Data für Entscheider*, essentials,
DOI 10.1007/978-3-658-17340-1_3

3.2 Vorgehensmodelle

Klassische Geschäftsmodelle können durch Big Data nur „optimiert" werden. Der Zukunft gehören datengetriebene Geschäftsmodelle, bei denen ein zusätzlicher Mehrwert durch die Analyse und Nutzung von Daten in neuen Geschäftsmodellen erzielt wird (Fahrzeugdaten beim Carsharing, Gesundheitsdaten, Energienutzung u. v. m.)

Einige Anbieter von Big-Data-Services wie z. B. die Firma T-Systems (vgl. Handelsblatt 2016) haben diesen Trend erkannt und prägen hierzu neue Geschäftseinheiten aus, welche den Kunden u. a. komplette Services und Plattformen für neue Geschäftsmodelle anbieten (Big Data as a Service). Zur Projektdurchführung sind daher spezifische Vorgehensmodelle erforderlich, deren Entwicklung steht noch am Anfang steht.

Viele Unternehmen haben noch keine konkreten Vorstellungen, wie Big Data eingesetzt werden kann und wie die Einführung zu realisieren ist. Mögliche Gründe hierfür sind fehlende Strategien, Unkenntnis über fachliche und technische Möglichkeiten von Big-Data-Technologien, fehlende Erfahrungen im Unternehmen (Lixenfeld 2015). Darüber hinaus fehlen Big Data spezifische Vorgehensmodelle die helfen könnten, die vorgenannten Aspekte positiv zu beeinflussen.

Bislang wurden nur wenige Vorgehensmodelle veröffentlicht, die sich speziell mit Big Data Einführungen beschäftigt haben. Bislang dominieren aber noch technische oder allenfalls optimierende Ansätze.

Der Vorschlag des IT-Dienstleistungsunternehmens CSC ist in Abb. 3.1 dargestellt. Nach der Festlegung des Geschäftsmodells (Business Use Case) erfolgt eine klassische Projektplanung und Anforderungsanalyse die abschließend in einer realisierten IT-Lösung mündet. Der Fokus des CSC-Ansatzes" liegt auf der technischen Umsetzung bei einem bereits zuvor erarbeiteten Business Use Case (CSC 2015). Hierbei handelt es sich im Prinzip um die klassische Vorgehensweise bei IT-Projekten.

Ein anderes Unternehmen, das ebenfalls als IT-Dienstleister tätig ist hat den in Abb. 3.2 dargestellten Vorschlag unterbreitet. Der Fokus dieses Ansatzes liegt auf der Datenaufbereitung und Modellerstellung. Er kann daher eher als „Optimierungsansatz" bezeichnet werden und ist eher für die Optimierung bestehender Geschäftsmodelle geeignet, wenn bestehende Daten besser ausgewertet werden sollen oder neue Daten in bestehende Prozesse integriert werden.

Eine Arbeitsgruppe des Bitkom hat den bislang umfassendsten Ansatz ausgearbeitet, den man als „Innovations-Ansatz" bezeichnen könnte, da hierbei von neuen

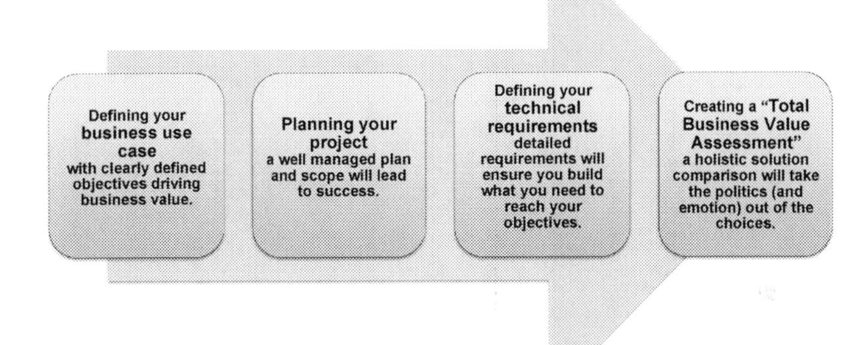

Abb. 3.1 Big-Data-Einführungsmodell nach CSC (2015)

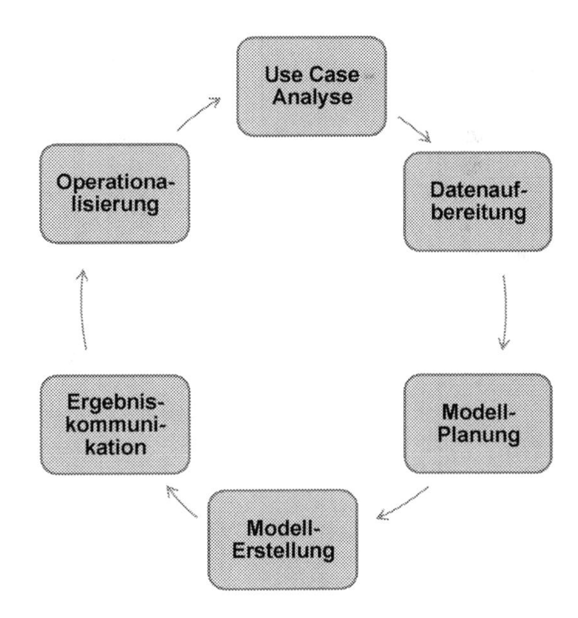

Abb. 3.2 Optimierendes Big-Data-Einführungsmodell eines IT-Dienstleisters.

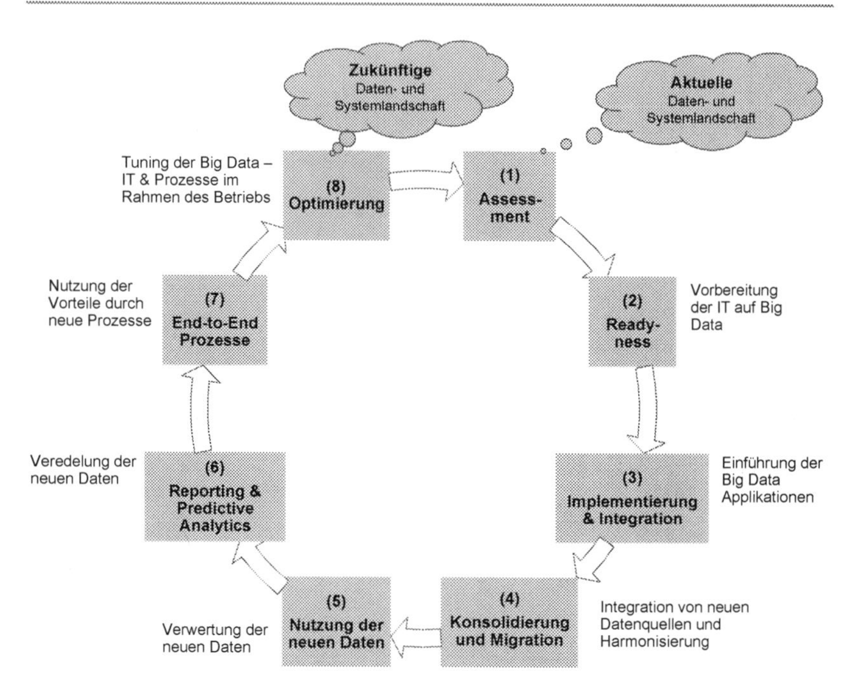

Abb. 3.3 Bitkom Big Data – Vorgehensmodell. (Buschbacher et al. 2014)

Daten und ggf. neuen Prozessen ausgegangen wird, die zu neuen Geschäftsmodellen führen können (Buschbacher et al. 2014). Beim Bitkom-Vorgehensmodell (vgl. Abb. 3.3) wird ausgehend von der aktuellen Daten- und Systemlandschaft ein Assessment durchgeführt um anschließend die IT auf Big Data vorzubereiten. Nach der Einführung der Big-Data-Applikationen werden neue Datenquellen integriert und neue Daten genutzt. Im Rahmen des Schrittes „Reporting und Predictive Analytics" kann eine Veredelung der Daten durch deren Analyse und Auswertung erfolgen um sie anschließend in neu gestalteten Prozessen zu nutzen. Im Verlauf der Nutzung der neuen Applikationen erfolgt eine kontinuierliche Optimierung der eingesetzten Informationstechnik und Prozesse.

3.3 Organisatorische Aspekte

Die Veränderungen der Analyseprozesse, das beständig steigende Datenvolumen und die dezentralen Strukturen in den Unternehmen machen es notwendig, die Verantwortung für das Datenmanagement vor dem Hintergrund von „Big Data" neu zu

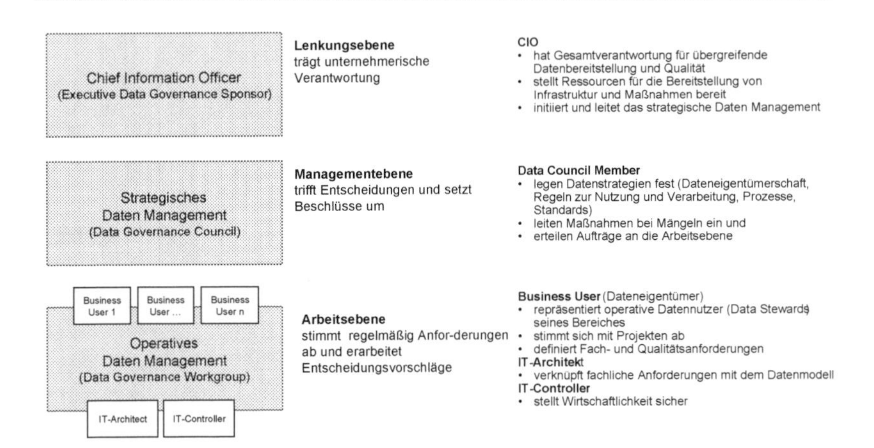

Abb. 3.4 Big-Data-Governance

regeln bevor Situationen geschaffen worden sind, die nicht mehr umkehrbar sind (vgl. Abb. 3.4). Der Chief Information Officer (CIO) sollte daher die Gesamtverantwortung für die unternehmensweite Datenbereitstellung und Datenqualität innehaben. Er stellt als „Executive Data Governance Sponsor" die hierfür notwendigen Ressourcen bereit und organisiert die unternehmensweite Zusammenarbeit.

Diese erfolgt über eine breite Beteiligung der Fachabteilungen im Strategischen Datenmanagement, dem „Data Governance Council". Hier ist das Management der betroffenen Unternehmensteile vertreten, welche die strategische Ausrichtung festlegen und Regeln zur Nutzung und Verarbeitung von Daten verabschieden. Sie erteilen Arbeitsaufträge an die operative Arbeitsebene („Data Governance Workgroup"), die für die Erarbeitung fachlicher, qualitativer und technischer Anforderungen verantwortlich sind. Ein IT-Architekt aus dem Verantwortungsbereich des CIO ist für die Verknüpfung der fachlichen Anforderungen im unternehmensweiten Datenmodell verantwortlich. Das IT-Controlling stellt hierbei die Wirtschaftlichkeit der Maßnahmen sicher.

3.4 Kulturwandel

Big-Data-Lösungen werden in Zukunft immer spezifischere und immer komplexere Aufgaben auf großen Datenmengen ausführen. Um der noch vorhandenen Unsicherheit der Anwenderunternehmen zu begegnen, sind in den letzten Jahren Plattformen und Appliances (Softwarebündel mit mehreren Funktionsbereichen, z. B. Datenhaltung, Analyse, Aufbereitung) entstanden um unterschiedliche Anforderungen abzudecken. Die Plattformen stehen oft auch als schnell verfügbare Cloudlösung zur Verfügung. Das unterstützt die die Unternehmen bei der Entwicklung von Pilotprojekten, für die meist keine großen Investitionen möglich sind. Die Plattformen und Cloudbasierenden Big-Data-Lösungen erweitern die Fähigkeiten von klassischen Business-Intelligence-Anwendungsszenarien. Neue Speicherformen wie In-Memory-Datenbanken oder spaltenorientierte Datenbanken kommen dabei verstärkt zum Einsatz.

Insofern rütteln Big-Data-Szenarien bereits an den Grundfesten einiger IT-Landschaften in der Wirtschaft. Die Komplexität der Big-Data-Projekte setzt jedoch auch einen Kulturwandel in den Unternehmen voraus. Ohne einen Kulturwandel und einer hohen „Return on Invest-Erwartung" werden Big-Data-Projekte, wie sie sich heute abzeichnen, nicht den erwarteten Erfolg bringen. Deshalb sind einige grundlegende Schritte des Kulturwandels erforderlich (vgl. Landrock 2013):

1. **Umdenken,** denn Big Data lässt sich nicht als „Return on Invest" über einen bestimmten Zeitraum planen und darstellen.
2. Eine verstärkte **Aus- und Weiterbildung** sowie Investitionen in neue Berufe sowie in den BI-Bereich sind erforderlich, um die Informationen in großen Datenmengen zu „explorieren".
3. **Keimzellen** sind zu schaffen, in denen Big-Data-Ideen zu Big-Data-Szenarien werden. Den Mitarbeitern müssen hierzu Freiräume geschaffen und gelassen werden.
4. Eine **Leitungsentscheidung** ist darüber notwendig, ob die Fachabteilung oder die IT-Abteilung für die Exploration von Daten und den Aufbau von Big-Data-Szenarien zuständig ist bzw. ob hier eine Stabsfunktion für das Unternehmen hilfreich ist.
5. **Neue Algorithmen** sind zu finden, statt eines Scale-outs vorhandener Lösungen.

Einige dieser Schritte haben heute werden heute von den IT-Anwendern bereits umgesetzt, gerne verknüpft mit modernen Begriffen wie „Design Thinking" oder „Data Thinking". Die IT muss also forschen dürfen und das Management muss hier die notwendigen Ressourcen bereitstellen, auch wenn sich nicht auf Anhieb erkennen lässt, ob und wie sich ein ROI errechnen lässt. Diese Forschungsarbeit kann und muss in Zusammenarbeit mit Forschungseinrichtungen, Hochschulen und Universitäten geschehen. Eine Voraussetzung für ein freies Forschen in den Daten ist das Aufgeben von Herrschaftswissen in den Unternehmen. Oft wird noch viel über „Datenhoheit" diskutiert anstatt zu fragen, welchen Möglichkeiten und Chancen in den Daten stecken.

Die Anwendungsszenarien in Kap. 4 illustrieren die Bedeutung des Kulturwandels. Auch weiterhin werden Business-Intelligence-Projekte und Big-Data-Projekte von den Fachabteilungen getrieben. Sie stellen die Finanzierung bereit, Indem jedoch die IT-Abteilung nicht nur die Exekutive ist, sondern in die Unternehmensentscheidungen einbezogen wird (große Unternehmen haben erkannt, dass Informationen zu den wichtigsten Assets überhaupt gehören, kleinere Unternehmen sind hier oft noch in klassischen Strukturen gefangen) können die CIOs zeigen, welches Potenzial und welche Geschäftsinformationen in den Daten verborgen sind.

3.5 Neue Berufsbilder

Die Diskussion um Big Data hat zur Forderung nach neuen Berufsbildern, nicht zuletzt vor dem Hintergrund des Fachkräftemangels, geführt. Unter anderem wird die Ausbildung von „Datenspezialisten" gefordert, meist unter dem Begriff „Data Scientist" (Büttner et al. 2011). Davenport und Patil (2012) bezeichnen die Position eines Data Scientist als den "sexiest job of the world" des 21. Jahrhunderts. Die Definitionen verschiedener Autoren reichen über den Analytiker, Visualisierer bis hin zum Alleskönner (Zeitler 2013). Die Rolle war heute wie damals unklar, sodass Davenport und Patil vorausschauend versucht haben, die Aufgaben einzugrenzen: ‚It's a high-ranking professional with the training and curiosity to make discoveries in the world of big data" (Davenport und Patil 2012, S. 71). Wichtig ist der „Business Character" der Rolle. Damit ist der Data Scientist der wissenschaftlich ausgebildete Praktiker, der das Unternehmen bei seiner Geschäftstätigkeit methodisch unterstützt.

Den Bedarf für eine differenzierte Betrachtung und mehr Anwendungsbezug greifen führende Forschungsinstitute wie die Fraunhofer Gesellschaft auf und bieten ein umfassendes Aus- und Weiterbildungsangebot an, was vom Überblicksseminar bis hin zum Big-Data-Analytics-Lehrgang für Softwareentwickler reicht (Fraunhofer Gesellschaft 2014). Der Anwendungsbezug von Data Scientisten wird durch reale Use-Cases immer deutlicher. „New York: Mit Big Data löschen bevor es brennt" war die Headline eines Artikels in ZDF Heute (Krüger 2014). Die hierzu notwendigen Algorithmen, welche potenzielle Häuser, bei denen die Wahrscheinlichkeit groß ist, dass es demnächst brennen könnte ermittelt, sind die Ergebnisse der Arbeit von Data Scientisten.

Das Berufsbild des „Data Scientisten" zerfällt in mehrere Rollen, die je nach Situation von einer oder mehreren Personen wahrgenommen werden können. Die Personen können zentral aber auch in dezentral z. B. in den Business Bereichen agieren. Mögliche Rollen sind: Strategieentwicklung, Use-Case Identifizierung und -ausprägung, Datenanalyse- und Modellierung sowie toolbezogenes Customizing und die Programmierung von Anwendungen. Das fachliche Methodenspektrum umfasst Kenntnisse aus der (Wirtschafts-)Informatik, Mathematik und Statistik und der jeweiligen Anwendungsdomäne, z. B. Marketing oder Produktion. Die Arbeitsmethoden sollten agil sein und nicht wasserfallorientiert, also z. B. Scrum oder Kanban.

Hochschulen haben die Aktivitäten zur Aus- und Weiterbildung im Umfeld von Big Data deshalb auch deutlich vorangetrieben. Die bisherigen Aktivitäten lassen sich in drei Sektoren untergliedern: Forschung, Lehre und berufsbegleitende Weiterbildung (vgl. Abb. 3.5).

Forschung

Im Bereich der grundlagen- und anwendungsorientierten Forschung sind in den letzten Jahren zahlreiche Forschungsergebnisse publiziert worden. Die wissenschaftliche Forschung ist aber noch technisch geprägt (Pospiech und Felden 2013). Ein vergleichsweise hoher Bedarf besteht an der Erforschung der Einsatzmöglichkeiten in den Unternehmen. Die Forschungsresultate des Potsdamer Hasso-Plattner-Institutes der Universität Potsdam haben zur ersten großen Hauptspeicherdatenbank geführt, die zum kommerziellen Produkt unter dem Namen SAP HANA von der SAP AG weiterentwickelt wurde (Meinel 2014). Ein Beispiel dafür, dass Big Data mehr ist als nur ein Überwachungsinstrument, zeigt

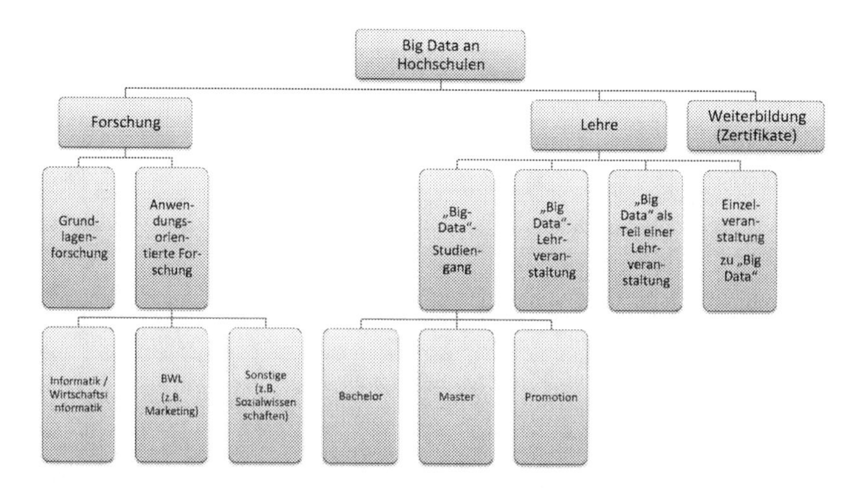

Abb. 3.5 Big Data an Hochschulen

das Projekt der FH Nordwestschweiz in Kooperation mit der Euclid-Mission der ESA. Ziel des Vorhabens ist es, noch ungelöste Fragen der Weltraumforschung zu lösen. Hierzu werden voraussichtlich 100 Petabytes in mehreren europäischen Rechenzentren verarbeitet (FHNW 2014).

Lehre

Komplette Studiengänge mit einer spezifischen Ausrichtung auf Big Data sind noch die Ausnahme. Interessante Beispiele für „Big-Data-Studienprogramme" sind vereinzelt im Ausland ab Masterlevel auszumachen. Beispielsweise bietet die Colorado Technical University ein „Doctor of Computer Science-Big Data Analytics (DCS-BDA)" Programm an (Woodie 2014). Ein typisches Masterprogramm zum Master of Science in Business Analytics wird von der US Uni USC Marshall School of Business als Einjahresprogramm für angehende Data Scientists angeboten. In Frankreich bietet die Business School HEC einen MBA-Studiengang an, der gezielt die Fähigkeit zur Entwicklung von Big-Data-Lösungen vermittelt (HEC 2014).

In Deutschland sind eher spezialisierte Lehrveranstaltungen mit einem konkreten fachlichen Bezug zu „Big Data" anzutreffen. Der Kurs „In Memory Data Management" der Uni Potsdam kann hier als Beispiel genannt werden, zumal er online über die Plattform http://openhpi.de allgemein verfügbar ist. Üblich ist die Integration von Big-Data-Teilaspekten in IT-affine Lehrveranstaltungen wie „Informationsmanagement" oder „IT-Recht", wie sie beispielsweise von der Hochschule Bonn-Rhein-Sieg (H-BRS 2014) angeboten werden. Angesichts der noch jungen und schnelllebigen Thematik werden überwiegend Einzelveranstaltungen, z. B. in Form von Gastvorträgen, angeboten. Gängige Praxis sind auch Events von Hochschulen, die das Thema „Big Data" aufgreifen.

Weiterbildung

Im Weiterbildungssektor sind neben kommerziellen Anbietern auch Forschungsinstitute wie die Fraunhofer Gesellschaft (http://www.fraunhofer.de/) oder Hochschulen wie die Hochschule Luzern (http://www.hslu.ch) aktiv. Fraunhofer bietet ein umfassendes Seminarprogramm für Data Scientists an (Fraunhofer Gesellschaft 2014). Das Paket richtet sich schwerpunktmäßig an Praktiker und besteht aus zahlreichen Modulen, die abhängig vom Tätigkeitsschwerpunkt (Projektleiter, Entwickler, Analytiker, Sales Manager) kombiniert werden können. Die Hochschule Luzern hat ein in der Schweiz anerkanntes Hochschulzertifikat zum „CAS Big Data Analytics (FH)" im Angebot, das die vier Themenschwerpunkte Big Data, In-Memory Computing, BI Mobility, Analytics und Innovation zum Weiterbildungszertifikat Certified Advanced Studies (CAS) bündelt. Dieser Abschluss kann mit weiteren Zertifikaten zum Master of Advanced Studies (MAS) in Business Intelligence aufgewertet werden (Hochschule Luzern 2014).

Die Ausbildung von Big-Data-Experten auf Hochschulniveau steht noch am Anfang. Der hohe Bedarf der Unternehmen wird auf absehbare Zeit nicht vollständig gedeckt werden können. Weitere Anstrengungen sind daher erforderlich um den Standort Deutschland auf diesem Gebiet zu positionieren.

3.6 Zusammenfassung

- Die Einführung von Big Data ist ein Change-Management Projekt bestehend aus Aspekten wie Geschäftsmodellinnovation, Prozessmanagement, Organisation und Informationstechnik
- Erste Konzepte für spezifische Vorgehensmodelle für Big-Data-Projekte wurden bereits veröffentlicht
- Leider existier noch kein Konsens oder Standard für die Einführung von Big Data.
- Der Bedarf an Arbeitskräften mit Big-Data-Kenntnissen ist aktuell sehr hoch. Die Aus- und Weiterbildung von Big-Data-Experten könnte daher von Hochschulen und Universitäten sowie tertiären Weiterbildungseinrichtungen noch intensiviert werden
- Erfolge in der Anwendung von Big-Data-Technologien sind von einem Kulturwandel in den Unternehmen bis hin zur Aufgabe von fachlichen Domänen und organisatorischen Strukturen geprägt.

Literatur

Buschbacher, F.; Konrad, R.; Mußmann, B.; Weber, J.: Big Data-Projekte: Vorgehen, Erfolgsfaktoren und Risiken, in: Der Controlling-Berater, hrsg. von Gleich, R., Klein, A.: Band 35, 2014

Büttner, S.; Hobohm, H.; Müller, L. (2011) (Hrsg.): Handbuch Forschungsdatenmanagement, Bad Honnef, (https://opus4.kobv.de/opus4-fhpotsdam/files/207/3.5_Informationswissenschaftler_im_Forschungsdatenmanagement.pdf), Abruf 13.06.2016

CSC (ed.) (2015): How To Do a Big Data Project: A Template for Success, Whitepaper,

http://www.infochimps.com/resources/how-to-do-a-big-data-project-a-template-for-success/, Abruf 02.09.2015

Davenport, T.; H.; Patil, D.J. (2012): Data Scientist: The sexiest job of the 21th century, Harvard Business Review, October 2012, S. 70–76

FHNW (2014): Fachhochschule Nordwestschweiz, Big Data - Mehr als ein Überwachungsinstrument, http://www.fhnw.ch/technik/medien-und-oeffentlichkeit/newsletter/newsletter-technik-1-2014/big_data

Fraunhofer Gesellschaft (2014): DATA Scientist. Schulungen und Coaching in Unternehmen, http://www.iais.fraunhofer.de/data-scientist-schulungen.html, Abruf am 15.11.2016

Fraunhofer Gesellschaft (2016) (Hrsg.): DATA Scientist. Schulungen und Coaching in Unternehmen, online im Internet, http://www.iais.fraunhofer.de/data-scientist-schulungen.html, Abruf am 13.06.2016

Gadatsch, A.. (2012): Grundkurs Geschäftsprozessmanagement, 7. Aufl., Wiesbaden

Gadatsch, A. (2016): Die Möglichkeiten von Big Data voll ausschöpfen, Controlling & Management Review, Sonderheft 1/2016, S. 62–66

Handelsblatt (Hrsg.) (2016): T-Systems, Neuer Hoffnungsträger Digital Division, Handelsblatt, http://www.handelsblatt.com/technik/vernetzt/telekom-tochter-t-systems-neuer-hoffnungstraeger-digital-division/10703674-2.html, Abruf. 24.05.2016

HEC (2014): French business school HEC Paris to develop big data MBA, http://www.computerweekly.com/news/2240212393/French-business-school-HEC-Paris-to-develop-big-data-MBA

H-BRS (2014): Modulhandbuch Masterstudiengang Informations- und Innovationsmanagement, Hochschule Bonn-Rhein-Sieg, http://www.wis.h-brs.de

Hochschule Luzern (2014): CAS Big Data Analytics, http://www.weiterbildung.hslu.ch/wirtschaft/wirtschaftsinformatik/cas-big-data-analytics-k3195.html

Krüger, A.. (2014): New York: Mit Big-Data löschen, bevor es brennt, in ZDF heute.de, 15.02.2014, online im Internet: http://www.heute.de/big-data-feuerwehr-in-new-york-algorithmus-zeigt-wo-es-zu-brand-kommen-koennte-31954960.html, Abruf am 13.06.2016

Landrock, H. (2013): in: Experton Newsletter, 11.01.2013

Landrock, H.; Gadatsch, A: Big Data Vendor Benchmark 2016: Der Markt für Big Data in Deutschland, in: Experton Newsletter 45/2015, 06.11.15

Lixenfeld, C (2015): Ideen fürs Business fehlen Sinnloser Big-Data-Aktionismus, CIO-Magazin, http://www.cio.de/a/sinnloser-big-data-aktionismus,3245804?tap=1d3ab1058233ec6b59f18b263745438f&r=564614537252300&lid=445720&pm_ln=14, 31.08.2015, Abruf 02.09.2015

Meinel, C. (2014): Big Data in Forschung und Lehre am HPI, Informatik Spektrum, 37. Jg., Heft 2, 2014, S. 92–96

Pampel, H.; Bertelmann, R.; Hobohm, H. (2010): Data Librarianship“ – Rollen, Aufgaben, Kompetenzen, RatSWD, Working Paper Nr. 144, Mai, 2010 (http://www.econstor.eu/dspace/escollectionhome/10419/40025)

Pospiech, M.; Felden, C. (2013): Stand der wissenschaftlichen Betrachtung: Zu viele Daten, zu wenig Wissen, in BI-Spektrum, Heft 01, 2013, S. 7–13

Woodie, Al. (2014): Big Data University Programs Get Real, in: Datanami, 10.04.2014,

Zeitler, N (2013).: Bedarf an Fachkräften wächst, Die drei Typen der Big-Data Experten, in: CIO Magazin, Heft 05, S. 35–36

4 Ausgewählte Anwendungsszenarien

Holm Landrock

Big-Data-Projekte laufen meist unter anderen Namen.

4.1 Von Wetterdaten und Rabattstufen

Ein Unternehmen der Konsumgüterindustrie optimiert die Lieferkette und seine Auftragsabwicklung und sichert durch die Ad-hoc-Analyse von ERP-Daten mit Nachrichten und Wetterdaten die Lieferzusagen ab.

4.1.1 Klassischer Ansatz

Ein Hersteller von Handtaschen beliefert regelmäßig Großabnehmer mit mehreren zehntausend Produkten. Die Produktion wird in einem fernöstlichen Land durchgeführt und von verschiedenen Faktoren beeinflusst. Die Lagerhaltung in Deutschland ist sehr begrenzt. Die Beherrschung der Just-in-time-Lieferketten wie in der Automobilbranche ist für dieses Unternehmen daher ein zentraler Wettbewerbsvorteil. Im Außendienst wurden zuletzt die bislang genutzten gedruckten Kataloge durch Tablet-Computer mit attraktiven computergenerierten Darstellungen der Produkte abgelöst.

Die Auftragsabwicklung wird noch traditionell nach klassischen Prinzipien durchgeführt: Die Bestellung wird nach dem Abschluss in das ERP-System eingegeben. Standardisierte Prozesse des ERP-Systems prüfen die Verfügbarkeit der

A. Gadatsch und H. Landrock, *Big Data für Entscheider*, essentials,
DOI 10.1007/978-3-658-17340-1_4

Artikel und erstellen ggf. eine Auftragsbestätigung für den Kunden. Der Auftrag wird anschließend durch das ERP-System weiterverarbeitet. Bei Störungen in der Lieferkette sind aufwendige Neuberechnungen erforderlich. Nicht immer kann die durch das ERP-System erstellte Lieferzusage eingehalten werden, was zu Regressforderungen der Kunden führen kann.

4.1.2 Big-Data-Ansatz

Das Unternehmen ist mit Tablets, die die aktuell in der betriebswirtschaftlichen IT gepflegten Artikel auf dem mobilen Endgerät beim Kunden präsentieren können, technisch bereits auf einem hohen Niveau. Eine Big-Data-Applikation mit einer Vorhersagefunktion könnte hier als zusätzliche Funktion schon im Verkaufsgespräch eine Prognose der Lieferfähigkeit liefern.

Entscheidet sich der Kunde, in diesem Fall also der Großabnehmer (eine Einkaufsvereinigung oder eine Warenhauskette) während der Produktpräsentation für einen Artikel, startet das mobile Endgerät in den Back-end-Systemen eine Datenanalyse, die nicht nur die Lagerbestände prüft, sondern die auch den aktuellen Status am fernöstlichen Produktionsstandort prüft: Sind dort genügend Rohmaterialien vorhanden? Gibt es in den Nachrichtenströmen Informationen über Streiks oder andere Ereignisse, die die Produktion beeinflussen? Wird der Warentransport durch das Wetter oder andere Umweltereignisse beeinträchtigt, sodass beispielsweise Frachtcontainer nicht zum erwarteten Zeitpunkt am Zielort eintreffen?

Noch während der Verhandlung beim Abnehmer erhält der Außendienstmitarbeiter die aktuelle Prognose für die konkrete Liefersituation auf dem mobilen Endgerät. Die Analyse-Software hat ermittelt, dass von den zu liefernden 60.000 Handtaschen die ersten 20.000 sofort ab Lager verfügbar sind, weitere 20.000 Einheiten sind bereits aus dem Transportweg und stehen nach einigen Tagen zur Verfügung, die übrigen 20.000 Einheiten müssen produziert und transportiert werden und sind erst in einigen Wochen hier verfügbar.

Dementsprechend liefert die Big-Data-Lösung eine anhand der aktuellen Situation im Fertigungsland, auf dem Transportweg und im Auslieferungsland einen Vorschlag für entsprechende Rabatt-Stufen. Der Hersteller der Handtaschen kann durch Big-Data-Analysen genauere Lieferzusagen machen und der Abnehmer kann seinerseits besser disponieren.

4.1.3 Nutzen

Durch die Analyse aller verfügbaren Datenquellen von der Maschinenauslastung am Produktionsstandort über Zeitungsnachrichten bis hin zu Wettervorhersagen wird die Liefergenauigkeit verbessert und die Kundenzufriedenheit gesteigert. Das Anwendungsszenario illustriert, wie umfassende Analysen strukturierter und unstrukturierte Daten die Geschäftsprozesse datengetrieben optimieren können. Das Unternehmen verkürzt das Order-Processing und kann damit auch einen positiven Return on Invest erzielen.

4.2 Wie ein Administrator zum Chef einer neuen Business-Unit wurde

Energieversorger und Versicherungen verfügen über sehr große Datenbestände mit individuellen und häufig personenbezogenen Vertragsdaten. Die Verknüpfung dieser Daten kann zu neuen Erkenntnissen führen. Bislang werden diese Daten jedoch nur entsprechend der Datenschutzrichtlinien für die Berechnung konkreter, individueller Angebotsvorschläge verwendet.

Einige Versicherer haben in der jüngsten Vergangenheit innovative Produkte entwickelt, die große Datenmengen analysieren, um die Vertragsgestaltung zu beeinflussen. Ein Beispiel sind verhaltensabhängige Tarife für die Kraftfahrzeugversicherungen, bei denen eine Black-box den Endkunden überwacht und bei denen die Messdaten über aufwendige Übertragungs- und IT-Infrastrukturen gesammelt und ausgewertet werden.

4.2.1 Klassischer Ansatz

Eine Versicherung mit einem umfassenden Angebot von z. B. Lebens-, Schadens-, Sach- und Krankenversicherungen verfügt über die entsprechende IT-Infrastruktur zur Kunden- und Produktpflege. Zusammenhänge zwischen den unterschiedlichen Datenbanken werden aus Gründen des Schutzes personenbezogener Daten nicht hergestellt. Damit bleiben potenzielle Erkenntnisse unerkannt und ungenutzt, obwohl die im GDV (Gesamtverband der Deutschen Versicherungswirtschaft e. V.) organisierten deutschen Versicherer über einen gewaltigen Datenbestand von 427 Mio. Verträgen in Deutschland verfügen (GDV 2015).

Die zu beachtenden Regeln in einer Versicherung schreiben vor, dass personenbezogene Daten nur zweckbestimmt verwendet werden. Der Datenbank-Administrator der Versicherung untersuchte im Zusammenhang mit der Datensicherung und der Archivierung von Daten im Rahmen gesetzlicher Bestimmungen die Datenstruktur. Bei diesen Untersuchungen traten wiederholt falsche Korrelationen auf, deren Ursache der Datenbank-Administrator nicht klären konnte.

4.2.2 Big-Data-Ansatz

Der Datenbank-Administrator setzte einige ältere Systeme für einen „Big-Data-Lake“ ein. Hierunter ist ein Datenspeicher, der die Daten in ihrem Ursprungsformat für die Analyse bereithält, zu verstehen Dort spielte er zunächst die Daten aus den Systemen ein, bei denen die Unstimmigkeiten auftraten. Dabei kam er auf die Idee, auch die Daten aus den unterschiedlichen Versicherungssparten in einem Data-Lake zusammenzuführen. Nachdem die Unstimmigkeiten beim Zusammenführen schnell auf ein unterschiedlich benanntes Datenfeld mit sonst identischen Inhalten zurückgeführt werden konnten, „spielte“ der Systemadministrator noch weiter mit den Daten und kam auf einen weiteren Gedanken.

Um datenschutzrechtlichen Probleme zu vermeiden verwendete der der Datenbank-Administrator eine Pseudomisierungstechnik. Er ersetzte alle Namen und Adressen durch das „Geo-Datum“ und nahm als Ersatz hierfür die jeweils nächstgelegene Straßenkreuzung. Durch diesen Schritt waren weitere, neue Berechnungen und Analysen möglich, ohne dass das Unternehmen gegen die mit den Endkunden vereinbarten Datenschutzregelungen verstößt.

In einem weiteren Schritt werden wichtige Kennzahlen wie zum Beispiel die Summe aller Versicherungen pro Straßenkreuzung mit n Metern Umkreis zusammengeführt. Allein durch diese Berechnung entstehen neue Informationen wie z. B. „Kaufkraft pro Geo-Datum“. Die Versicherung kann diese Kaufkraft-Information mit weiteren Datenbeständen kombinieren. Ebenso kann die Versicherung aus aktuellen und historischen Datenbeständen ermitteln, wie sich die Kaufkraft in einer bestimmten Geografie entwickelt hat und daraus Prognosen für die Kaufkraftentwicklung ableiten. Das Ergebnis sind genaue und aktuelle Informationen, die anderen Unternehmen angeboten werden können.

4.2.3 Nutzen

Selbst eine kleine Versicherung mit einem Mischangebot aus verschiedenen Versicherungssparten verfügt mit einem Marktanteil von beispielsweise fünf Prozent über einen Datenschatz aus rund zwei Millionen Haushalten (vgl. DeStatis 2016). Damit allein können schon die Verknüpfungen von anonymisierten Vertragsdaten Informationen und Prognosen liefern, die aktueller und genauer sind, als klassische umfragebasierende Marktforschung oder ungenaue, weil schlecht überprüfbare, Analysen von Daten aus den Social Media Systemen. Durch die Verknüpfung der Daten kann die Versicherung sogar ein neues Geschäftsmodell erschließen: den Handel mit Daten. Der IT-Administrator wurde zum Leiter der neuen Geschäftseinheit bestellt.

4.3 IT-Service-Management und Data Center Assessment als Big-Data-Szenarien

Das typische Rechenzentrum wird auch im Zeitalter der digitalen Transformation von Prozessen, Geschäftsmodellen und Unternehmen immer noch in Säulen betrachtet. Big-Data-Analysen können helfen, die Kosten genauer zu ermitteln und im Störungsfalle die Bearbeitungsprozesse zu steuern.

4.3.1 Klassischer Ansatz

Die Kenntnis über die IT-Kosten, die IT-Performance oder die Bearbeitungsdauer bei Ereignissen (z. B. Dauer der Beseitigung einer IT-Störung) ist in vielen Fällen nicht vorhanden. Nur wenige Unternehmen können den Aufwand für ihre Informationstechnik ermitteln (vgl. hierzu die IT-Controlling Umfrage von Gadatsch et al. (2017)). Großunternehmen setzen nicht selten aufwendige Services ein, z. B. für die Ermittlung der IT-Anlagen sowie deren Kosten und für die Identifikation des kostengünstigsten Providers. Andere Unternehmen ermitteln lediglich pauschal und überschlagsweise die Gesamtkosten aus den Kostensätzen für Server, Speicher, Netzwerke, Datenbanken und Anwendungssoftware-Lizenzen. Die Zusammenhänge zwischen den verschiedene Ereignissen und Kosten lassen sich daher nicht ermitteln.

4.3.2 Big-Data-Ansatz

IT-Service-Management ist ein sinnvolles Konzept, wenn die IT-Infrastruktur mehr umfasst als nur die Büroarbeitsplätze für ein Dutzend Mitarbeiter mit Bürosoftware für Textverarbeitung und Tabellenkalkulation. Hierunter ist die IT-Unterstützung von Geschäftsprozessen im IT-Umfeld zu verstehen, wie z. B. die Bearbeitung von Störungen und Anfragen durch IT-Anwender. Typische Prozesse werden z. B. im ITIL®-Framework beschrieben und durch Softwarewerkzeuge unterstützt. Die bislang separat oder zusammenhanglos ermittelten Daten aus dem IT-Betrieb können in einen Data Lake gespielt werden. Dort stehen sie für weitere Analysen zur Verfügung. Die Analysen können zunächst so durchgeführt werden, dass sie die verschiedenen Kosten zu einem Gesamtbild verbinden lassen. Eine Dashboard-Lösung kann die Daten visualisieren. Dashboard-Lösungen sind aus dem Unternehmenscontrolling vielen Anwendern vertraut und im einfachsten Falle reichen die Diagrammfunktionen von Kalkulations- oder Tabellenprogrammen völlig aus.

Fortgeschrittene Lösungsansätze nutzen eine Lösung für die fortlaufende Analyse der eingehenden Daten der Systeme (Streaming Data Analytics). Dann steigt der Rechenaufwand, da sehr viele verschiedene Daten sehr schnell verarbeitet werden müssen. Je größer die Umgebung, desto weniger Zeit bleibt für eine Konvertierung oder Datenvorbehandlung. Würden andererseits Daten „weggelassen" werden also von der Verarbeitung ausgeschlossen, fehlen sie möglicherweise an anderer Stelle in der Analyse.

Einige Data Scientisten (vgl. Abschn. 3.5) und Big-Data-Solution-Architekten (IT-Produktspezialisten mit Anwendungswissen der Hersteller) sind erforderlich, um die IT-Daten entsprechend zusammenzuführen und auswertbar zu machen. Mit der automatisierten Auswertung aller IT-Daten kann sich die Verfügbarkeit der IT-Infrastruktur verbessern. Durch das Setzen von Schwellwerten kann ein IT-Management-Tool beispielsweise Maßnahmen einleiten, die erst durch die flächendeckende Beobachtung als notwendig erkannt werden.

Die fortlaufende Verarbeitung aller Leistungs- und Fehler-Messdaten, die in einer IT-Umgebung anfallen, kann dann unter anderem Tickets im Fehlermanagementsystem auslösen, also eine Fehlersituation melden und deren Verfolgung und Behebung steuern.

4.3.3 Nutzen

Weil heute typische Server-, Netzwerk- Speicher- und Datenbank-Management-Lösungen keine Fehler an automatisierte Systeme absetzen können und zusätzlich die meisten dieser Administrations-Tools Insellösungen sind, liefern Big-Data-Analysen von IT-Performance-Messdaten hilfreiche Informationen für den Rechenzentrumsbetrieb, für die Vorbereitung von Systemmigrationen und für die Ermittlung der tatsächlichen IT-Kosten. Als nützliche Zusatzleistung können lernende Verfahren eingesetzt werden, die Zusammenhänge zwischen Störungen anzeigen.

4.4 Spot-Pricing

Big-Data-Analysen helfen Handelsunternehmen, nicht nur die Preise für die nächste Woche oder die nächste Aktion zu berechnen, sondern ähnlich wie an einer Börse für die Artikel Spot-Preise zu ermitteln.

4.4.1 Klassischer Ansatz

Ein Handelsunternehmen betreut verschiedene Märkte, verschiedene Vertriebsregionen und kann außerdem bei vielen Lieferanten auch kurzfristig einkaufen. Die Verkaufspreise werden über Erfahrungen und regelmäßiger Wettbewerbsbeobachtung mithilfe einer Business-Intelligence-Lösung festgelegt. Für einzelne Sonderaktionen reicht auch schon einmal das „Bauchgefühl" des Sachbearbeiters aus. Oft muss schnell entschieden werden, damit eine Werbe-Kampagne noch rechtzeitig an die Druckerei beauftragt werden kann. Es ist in solchen Situationen schwierig, als Sachbearbeiter alle Situationen richtig einschätzen zu können. Deshalb verlässt sich dieses Unternehmen oft auf die Methode des „minimal viable products" (= Produkt mit den minimalen Anforderungen und Eigenschaften), in dem Falle also der einfachsten noch machbaren Antwort auf die Frage nach dem Verkaufspreis.

4.4.2 Big-Data-Ansatz

Eine russische Elektronik- und Haushaltsgeräte-Marktkette hat durch In-Memory-Analysen auf der Basis ihrer Artikelbestände und des aktuellen Abverkaufs von besonderen Artikelgruppen schon vor einigen Jahren eine Lösung für Sonderaktionen entwickelt. Bestimmte Parameter im Business-Warehouse werden zusammengetragen. Sinkt in einer häufiger gekauften Artikelgruppe der Abverkauf, werden neue Preise definiert und diese über elektronische Anzeigetafeln auch außerhalb der Märkte propagiert. Damit kann das Unternehmen über Sonderaktionen, auch zeitlich begrenzte, den Umsatz in wichtigen Artikelgruppen fördern.

Erweitert man dieses Grundprinzip auf eine Big-Data-Analyse, die auch die Preise von Internet-Verkaufsplattformen in die Berechnung einbezieht, entstehen schnelle, punktgenaue Preise. Auch das Kundenverhalten online und im realen Ladengeschäft kann in die Analyse einbezogen werden. Das kann bin hin zur Verweildauer von Personen in definierten Verkaufsarealen gehen.

Da auch Informationen aus Social-Media Anwendungen, Web-Crawlern und Nachrichten in die Analyse eingebunden werden können, können Einzelhändler sehr viel genauere, punktuell herauf- oder heruntergesetzte Preise anbieten und entsprechende Kampagnen planen. Durch die komplexen Analysen für das Predictive Pricing und das Spot Pricing wird die Wettbewerbsstärke der Unternehmen erhöht.

4.4.3 Nutzen

Predictive Pricing und Spot Pricing auf der Basis von Big-Data-Analysen erlauben es einem Unternehmen, bei der Preisgestaltung auch kurzfristig auf aktuelle Entwicklungen im Markt – von Wettbewerbsaktionen bis hin zum Wetter – reagieren zu können.

4.5 Die Intellectual Property von Parkplätzen

Dass Städte heute an der IT-gestützten Parkraumbewirtschaftung arbeiten, dürfte bekannt sein. Doch auch die Parkflächen selbst liefern Informationen, die für interessante Analysen und mögliche neue Geschäftsmodelle genutzt werden können.

4.5.1 Klassischer Ansatz

Ein Betreiber von modernen Einkaufszentren in den USA mit entsprechend großen Parkflächen betreibt zur Sicherheit und zur Auslastungskontrolle eine Video-Überwachung, wobei die Daten im Rahmen gesetzlicher Bestimmungen regelmäßig gelöscht werden.

Im Rahmen eines Projekts wurden die Aufzeichnungen für die Berechnung der Parkplatzkapazität herangezogen. Dazu wurden die Daten anonymisiert und die Bewegungsdaten der Fahrzeuge ausgewertet. Dabei entstanden Diskrepanzen, weil die zur Verfügung stehenden Datensätze aus den anonymisierten Videoaufzeichnungen nicht alle typischen Fälle wie Grillsaison, Ferien oder Feiertage berücksichtigen konnten.

4.5.2 Big-Data-Ansatz

Der Betreiber installierte zunächst eine andere Technologie für die Datenermittlung, damit zwar die Bewegung der Fahrzeuge ermittelt wird, diese jedoch nicht identifiziert werden können. Das bedeutet auch, dass zwischen einzelnen Fahrzeugen eine Verwechslung möglich sein könnte. Diese Daten wurden für die Bewirtschaftung und Kapazitätsberechnung zunächst auf die Tageszeiten und die Parkdauer analysiert. Durch die Verknüpfung dieser Daten mit Kalenderdaten wurden bereits erste Korrelationen sichtbar.

Das Unternehmen beschloss, auch die Bewegung der Datenpunkte auf dem Parkdeck, die Geschwindigkeit auf den Parkdecks und viele andere Faktoren, darunter vor allem das Wetter, in die Analyse einzubeziehen. In einem Abgleich mit den Kassendaten, das heißt den Stunden- und Tages-Umsätzen, konnte das Unternehmen über die verschiedenen Supermarkt-Standorte die Kaufkraft mit ihren regionalen und kalendarischen Spezifika analysieren.

4.5.3 Nutzen

Der Betreiber der Parkflächen entwickelte losgelöst von mittelbar oder unmittelbar personenbezogenen Daten ein neues Geschäftsmodell. Durch die Auswertung des Parkverhaltens im Zusammenhang mit dem Einkaufsverhalten und die dafür notwendige Analyse großer Mengen polystrukturierter Daten erarbeitete der Parkplatzbetreiber Informationen, die erfolgreich an Unternehmen der Finanzindustrie verkauft werden.

4.6 Der Einzelhändler, der beim schönem Wetter keine Grillsachen auf die Sonderfläche stellt

Ob bei Frischewaren wie Blumen aus Afrika, Obst aus Südamerika oder Bier und Grillgut für die Sommerparty: Der Einzelhandel ist auf eine präzise Disposition angewiesen. Ob diese klassisch durch einen Disponenten erfolgt oder durch Business-Analytics-Lösungen unterstützt wird: Die Disposition basiert auf Erfahrungswerten und Prognosen in Bezug auf die unsichere Entwicklung in der Zukunft.

4.6.1 Ausgangsbasis und Problemstellung

Der Einzelhändler im Lebensmittelhandel disponiert, gegebenenfalls über die Unternehmensgruppe oder die Einkaufsgenossenschaft, so, dass die Regale kundenfreundlich gefüllt sind. Für bestimmte Anlässe wie z. B. ein Fußballturnier am Wochenende oder bestes Sommerwetter werden besondere Kampagnen gefahren. So werden im genannten Beispiel das Bier und Grillgut prominent platziert. Dennoch kann es passieren, dass an solch einem Wochenende kaum eine Palette Bier oder Grillgut mehr verkauft wird als an einem normalen Wochenende.

4.6.2 Lösungsansatz

Dispositionen basieren heute typischerweise auf historischen Daten und Erfahrungswerten. Es gibt komplexe Softwarelösungen für die Preisfindung und die Bedarfsplanung. Solche Softwarelösungen kommen vor allem aus dem Bereich Business-Intelligence und Business Analytics. Für die Projektion dieser historischen Daten in die Zukunft werden jedoch oftmals klassische statistische Verfahren genutzt, die noch dazu ausschließlich mit den Bestandsdaten rechnen.

Indem ein Prognoseverfahren entwickelt wird, das externe Daten hinzuzieht, werden die Datenbestände im Data Warehouse des Disponenten zu einem mächtigen Werkzeug. Fehlplanungen werden reduziert. Während die Bestandsdaten der Einzelhandelskette ganz klar empfehlen, die Sonderfläche am Eingang mit Grillgut und Getränken zu bestücken, sagt eine Big-Data-Prognose das Gegenteil. Was war die Ursache? In dem eingangs genannten Beispiel fielen zwar ein spannendes Fußballspiel und eine Erfolg versprechende Wettervorhersage zusammen, allerdings wurden Nachrichten aus Social-Media ebenso wenig in die Prognose einbezogen wie auch die Stauprognose aufgrund des Ferienendes in einigen Bundesländern. Zufällig gab es in den Social-Media-Medien ausführliche Debatten um einen aktuellen Hoax hinsichtlich von Giftstoffen, die sich beim Grillen angeblich entwickeln. Gleichzeitig steckten viele Fußballfans mit ihren Familien in den Staus fest. Der Stau wurde von der traditionellen BI-Lösung nicht in Betracht gezogen, weil die Bundesländer mit den meisten Filialen des Einzelhändlers nicht vom Ferienende betroffen waren.

Die Big-Data-Analysen ziehen also alle nur denkbaren Informationen, auch scheinbar irrelevante, in die Absatzvorhersage und damit in die Warendisposition ein. Eine dementsprechend niedrigere Umsatzprognose wird errechnet. Wird dieses Szenario nur geringfügig erweitert, zeigen sich schnell volkswirtschaftlich relevante Effekte. Dann wird beispielsweise die Logistikkette vom Hafen über den Großhandel bis zum Einzelhandel von den Big-Data-Analysen berücksichtigt. Das könnte eine Kombination von Stauvorhersagen mit der Verteilung von Waren in die Fläche per Lkw sein.

4.6.3 Nutzen

Der Einzelhändler kann durch die präzisiere Vorhersage von Umsätzen genauer planen und spart Einkaufs-, Transport- sowie Bestandskosten. Außerdem ist die Saisonware oder Sonderware nach dem Ereignis verkauft und es fallen weniger Remittenden an.

4.7 Vom Wettlauf zwischen dem Hasen und dem Igel oder wie das Call-Center die nützliche Antwort fand

Der Automotive-Aftermarket betrifft den Handel mit Kfz-Ersatzteilen. Hier sind die Kfz-Hersteller (Kfz OEM = Original Equipment Manufacturer) den freien Ersatzteil- und Zubehörherstellern im Vorteil, da sie mittels ihrer eigenen Pkw-Verkaufsdaten einen Informationsvorsprung verfügen. Datenanalysen könnten aber die Machtverhältnisse im Markt umkehren.

Eine ganz ähnliche Situation haben Hersteller von Konsumgütern, die für eine Vielzahl ihrer Produkte eine Verbraucherhotline betreiben. Ein Unternehmen der gehobenen Konsumgüterbranche betreibt ein Service-Zentrum für die Verbraucher mit einigen tausend Anrufen pro Tag. Bislang wurden viele Anfragen erst mit einer Verzögerung und nach Sichtung von internen Unterlagen schriftlich beantwortet. Big-Data-Technologien unterstützen die einzelnen Call-Center-Agenten.

4.7.1 Klassischer Ansatz

Pkw und Lkw bestehen aus mehreren tausend Teilen. Die Kfz-Hersteller pflegen dazu in ihren Datenbanken die entsprechenden Artikelnummern. Zulieferer und unabhängige Hersteller von Ersatzteilen in Erstausrüster-Qualität, liefern sich ein Wettrennen mit den OEMs bzw. den Originalteile-Herstellern. Hierbei geht es darum, dass jede Änderung an einem Fahrzeug auch Änderungen an den Materialstammdatensätzen darstellt.

Die Änderungen betreffen neben den technischen Änderungen des Bauteils die Artikelnummern, Bezeichnungen, Farben oder mögliche Teilekombinationen. Die Herausforderung ist der richtige Abgleich der Datenbanken aufseiten unabhängiger Zulieferer.

Neben der Aktualisierung der Materialstammdaten sind es vor allem die Auskunftssysteme am Helpdesk, die schwierig zu aktualisieren sind. Die Anruferfrage nach dem Bauteil kann ja sowohl die Artikelnummer, also auch die neue bzw. alte Farbschattierung oder einen Trivialnamen zum Inhalt haben. Klassische Helpdesk-Systeme unterstützen hier den Call-Center-Mitarbeiter mit Standard-Auswahl-Masken, beispielsweise anhand von Explosionszeichnungen. Wird jedoch nach dem „gelben Griff für die zweite Serie" gefragt, sind diese Systeme oft überfragt. Um solche Fragen zu für eine Vielzahl von OEMs und Modellvarianten beantworten, sind aufwendige und teure Schulungen notwendig. Durch die Vielzahl unterstützter Hersteller wäre ein manueller Abgleich der Daten über alle Systeme hinweg ebenfalls extrem aufwendig.

Im Falle des Konsumartikel-Herstellers, wird für die Verbraucheranfragen ebenfalls ein Call-Center genutzt. Die Fluktuation im Call-Center ist erfreulich gering, weshalb das Unternehmen auch hier vorrangig auf Mitarbeiterschulungen für die Produktpalette setzt. Durch die sehr große Anzahl an Produkten und Produktvarianten sind jedoch konkrete Antworten jedoch sehr schwer zu lernen. Daher betreibt das Unternehmen ein zweistufiges Verfahren, bei dem alle Anfragen, die nicht sofort beantwortet werden können, schriftlich durch eine Fachabteilung beantwortet werden. Die damit verbundene Wartezeit führt immer wieder zu verärgerten Verbrauchern.

4.7.2 Big-Data-Ansatz

Datenbanken und Helpdesk-Systeme werden bei Aktualisierungen durch Ontologien (strukturierte Begriffs- und Beziehungsdarstellungen) und die Analyse von nicht strukturierten Daten unterstützt. Die Analysesysteme erkennen anhand der Ontologien inhaltliche Zusammenhänge, da sie nicht nur Artikelnummern, Baugruppen-Konfigurationen und Stücklisten miteinander abgleichen.

Die beiden eingangs genannten Unternehmen – ein Call-Center für Endverbraucher und ein Unternehmen aus dem Automobilzuliefermarkt – setzen neben dem halb automatischen Datenabgleich, beispielsweise über EDI oder andere Verfahren, auf semantische Verfahren. Sämtliche verfügbaren Produktunterlagen von Konstruktionszeichnungen über Stücklisten und Montageanleitungen bis hin zu Preislisten, (Ersatz-)Teilkatalogen und Webseiten wurden in eine Datenbank eingelesen, die für derartig polystrukturierte Daten geeignet ist. Dabei wurden auch zahlreiche bislang nur auf Papier verfügbaren Daten digitalisiert. Alle Dateien und Digitalisate wurden mit Metadaten ergänzt, die zusätzliche Hinweise zum Teil oder zum Produkt lieferten.

Eine Ontologie ist eine Beschreibung des Zusammenhangs von generischen Begriffen. Semantische Verfahren können dann beispielsweise die Anfrage-Informationen „Schalter“, „rot“, „Markierung“, „dreieckig“ in entsprechende Artikelnummer des Ersatzteils für einen Warnblink-Taster oder die Spezifikation einer Bremsscheibe in die passende Artikelnummer zu Typ und Baujahr eines Autos übersetzen.

Für alle Kernthemen wurde eine Basis-Ontologie entwickelt, wobei die beiden im Beispiel gemeinten Unternehmen einen Anbieter wählten, der bereits entsprechende Basis-Ontologien liefern konnte. Mit dieser Ontologie wurde das Analyseverfahren befüllt. In den ersten Betriebsphasen konnten falsche Treffer, sogenannte „false positives", im Dialogverfahren mit den Call-Center-Mitarbeitern markiert werden. Dadurch wurde das Verfahren angelernt.

4.7.3 Nutzen

Auch wenn es in diesem Beispiel nur um geringe Datenvolumina geht, zeigen die Beispiele in ihrer Kürze, wie komplex selbst Beschreibungen für einfache Gegenstände sein können. Anstelle einer noch umfangreicheren Schulung der Call-Center-Agenten konnten die beiden Unternehmen durch die semantische Analyse aller zur Verfügung stehenden Daten die Antwortgenauigkeit und -geschwindigkeit verbessern. Gleichzeitig können die Analyseverfahren die Genauigkeit der Informationen in den Datenbanken verbessern.

4.8 Wie ein kleiner Fehler nur durch komplexe Datenanalysen entdeckt wurde

Komplexe Fertigungsanlagen bergen eine Vielfalt möglicher Fehlerquellen im Rahmen der Produktionsabläufe. Die Auswertung aller zur Verfügung stehender Daten ist ein weiterer interessanter Einsatzbereich für Big-Data-Analysen.

4.8.1 Klassischer Ansatz

Ein Papier verarbeitendes Unternehmen, zum Beispiel eine Druckerei oder Kartonagenfabrik, bekommt regelmäßig Papier auf großen Rollen per Lastkraftwagen angeliefert. Im vorliegenden Fall verarbeiten drei Fertigungsanlagen das Papier. Das Unternehmen stellt immer wieder fest, dass an bestimmten Tagen die Anlage C eine geringfügig schlechtere Ausbeute liefert, weil die Materialfeuchte am Limit der Toleranzen lief. Mehrere Versuche wurden unternommen um den Fehler zu lokalisieren: Die Bediener-Teams wurden getauscht. Die Toleranzen wurden mit dem Ergebnis von unsinnigen Ausbeuteverlusten auf den Anlagen A und B verschärft. Die Anlagenwartung wurde fast schon exzessiv betrieben, in jedem Fall aber penibel genau. Unternehmensberater verbrachten mehrere Tage ergebnislos in der Fabrik, konnten aber die Auswirkungen der niedrigeren Ausbeute auf die Unternehmenskennzahlen nur auf zahlreichen Präsentations-Folien bestätigen. Die Messtechnik an den Anlagen wurde verfeinert – und lieferte noch genauere Statusinformationen zum Rückgang der Ausbeute an bestimmten Tagen. Dadurch konnte die fehlerhafte Situation immerhin auf Dienstage eingegrenzt werden.

4.8.2 Big-Data-Ansatz

Die eigentliche Ursache konnte erst durch das Zusammenführen aller Unternehmensdaten, auch der internen Daten von Lieferanten und Eingangsqualitätskontrolle sowie zusätzlicher externer Informationen, darunter Wetterdaten, in einer Big-Data-Lösung gefunden werden.

Durch die Verknüpfung der Daten und das Herstellen vermeintlich irrelevanter Korrelationen ließ sich nicht nur erkennen, dass das Wetter für den Ausbeuterückgang verantwortlich war, sondern weshalb dies nicht auch an anderen Wochentagen oder Anlagen auftrat. Der Grund war vergleichsweise simpel: Die Anlage C wird an Dienstagen nur vom Spediteur „Neverlate" beliefert. Die Analyse vermeintlich noch weniger relevanter Informationen wie den Flottendaten der Lieferanten ergab, dass dessen Lastkraftwagen statt mit einem Kastenaufbau nur mit einer Plane abgedeckt fahren und dann das schlechte Wetter seine Wirkung erzielen konnte.

Hier sei angemerkt, dass die Autoren über dieses Beispiel berichteten und vom Gesprächspartner mit einem Kurzbericht aus einem ganz ähnlichen Projekt überrascht wurden: Im konkreten Fall war es ein Automobilhersteller mit unerklärlichen Störungen in einer Anlage. Dort mussten Wetterdaten und der Lauf der Sonne in die Eingangsgrößen des Analyseverfahrens aufgenommen werden. Erst diese Analysen brachten an den Tag, dass eine ungünstige Kombination aus Hallenbau, Bewölkung, Sonnenstand und Betriebszeiten zu dem Fehler führten, weil das Sonnenlicht immer wieder nur für einen kurzen Moment eine Lichtschranke störte.

4.8.3 Nutzen

Durch die Big-Data-Analysen über vermeintlich nicht zusammenhängende Informationen konnten präzisere Auswahlkriterien und Vorgaben für die Lieferkette erarbeitet werden. Da bei schlechtem Wetter nur Spediteure mit Lastkraftwagen mit Kastenaufbauten liefern dürfen, wurde die Ausbeute auf allen Anlagen bei den bisher geltenden Toleranzen auf das gleiche Niveau. Die Sensordaten können durch das zur Fehlersuche entwickelte Verfahren auch für die Vorhersage von verschleißbedingten Ausfällen und somit zur vorauseilenden Wartung (Predictive Maintenance) herangezogen werden.

4.9 Zusammenfassung

- Big-Data-Szenarien benötigen für ihre Wirksamkeit viele Daten aus unterschiedlichsten Quellen
- Prognoseautomaten lassen sich nahezu beliebig komplex formulieren.
- Für die Berechnungen müssen geeignete IT-Infrastrukturen aufgebaut werden, wobei Hadoop-Cluster ein möglicher Ansatz von vielen sind.
- Soll das Fachverfahren und den IT-Infrastruktur-Betrieb an einen Dienstleister vergeben werden, kann die Übertragung der Quelldaten (Sensordaten, Positionsdaten, Data Warehouses, Datenbank-Abfragen, Social-Media- und News-Streams) der eigentliche Engpass im Konzept sein
- Die Wirksamkeit von Big-Data-Analysen ist oft nicht direkt erkennbar.
- Die Anforderungen an die IT können sehr hoch sein, wenn tatsächlich alle sinnvoll nutzbaren Daten in das Verfahren eingehen.
- Big-Data-Szenarien sind auch ohne klassische BI-Zielstellungen wie „Next-best-offer" oder „Churn-prevention" realisierbar.
- Big-Data-Szenarien können einen grundlegenden Wandel des Geschäftsmodells herbeiführen
- Big-Data-Anwendungen verbessern die Lieferfähigkeit und das Kundenvertrauen.
- Die genannten Szenarien sind mit den heute verfügbaren Lösungen über nahezu beliebige Datenvolumina und für beliebig komplexe Daten umsetzbar, wobei erst die Komplexität der Lösung lange wirkende Wettbewerbsvorteile schafft.
- Es müssen nicht immer Wetterdaten sein, die neue Erkenntnisse herbeiführen, aber erstaunlich oft ist es das Wetter, das das Verhalten von Menschen und Maschinen ganz unabhängig voneinander beeinflussen kann.

Literatur

DeStatis (2016): Vorausberechnung Haushalte in Deutschland, Entwicklung der Zahl der Privathaushalte nach Haushaltsgröße bis 2030 (Trendvariante) Deutschland, https://www.destatis.de/DE/ZahlenFakten/GesellschaftStaat/Bevoelkerung/HaushalteFamilien/Tabellen/VorausberechnungHaushalte.html (Abruf 05.12.2016)

Gadatsch, A.; Kütz, J.; Freitag, S.: Ergebnisse der 5. Umfrage zum Stand des IT-Controlling im deutschsprachigen Raum (2016), in: Schriftenreihe des Fachbereiches Wirtschaft Sankt Augustin, Hochschule Bonn-Rhein-Sieg, Sankt Augustin 2017

GDV (2015): GDV_Keyfactbooklet_Nov15_11app.pdf; GDV (Herausgeber), Berlin, 2015, Gesamtverband der Deutschen Versicherungswirtschaft e. V., Wilhelmstraße 43 / 43 G, 10117 Berlin, volkswirtschaft@gdv.de, www.gdv.de

5 Big Data und Ethik

Holm Landrock

Ethik und Daten sind kein Widerspruch.

5.1 Grundlagen

Die Autoren empfehlen die bereits aufgeführten Bitkom-Leitlinien für den verantwortungsvollen Umgang mit Big-Data-Technologien (Bitkom 2015). Sie wurden vom Branchenverband entwickelt und sind frei verfügbar und nach Meinung der Autoren auch für Anwenderunternehmen relevant. Sie umfassen 12 Leitlinien:

- Leitlinie 1 – Nutzen der Big-Data-Anwendungen prüfen
- Leitlinie 2 – Anwendungen transparent gestalten
- Leitlinie 3 – Bevorzugt anonymisierte oder pseudonymisierte Daten verarbeiten
- Leitlinie 4 – Interessen der Beteiligten abwägen
- Leitlinie 5 – Einwilligungen transparent gestalten
- Leitlinie 6 – Nutzen für Betroffene schaffen
- Leitlinie 7 – Governance für personenbezogene Daten etablieren
- Leitlinie 8 – Daten wirksam gegen unberechtigte Zugriffe schützen
- Leitlinie 9 – Keine Daten zu ethisch-moralisch unlauteren Zwecken verarbeiten
- Leitlinie 10 – Datenweitergabe nach Interessenabwägung ermöglichen

A. Gadatsch und H. Landrock, *Big Data für Entscheider*, essentials,
DOI 10.1007/978-3-658-17340-1_5

- Leitlinie 11 – Selbstbestimmtes Handeln ermöglichen
- Leitlinie 12 – Politische Rahmenbedingungen vervollkommnen – Datenschutz und Datennutzen neu abwägen

Die Bitkom-Veröffentlichung erörtert diese Leitlinien sehr detailliert. Daher sollen hier nur ausgewählte Aspekte thematisiert werden. Wichtig ist die erste Leitlinie, nach der Big-Data-Anwendungen einen klar erkennbaren Nutzen für die Verbraucher, Kunden oder die Gesellschaft haben sollen. Big Data ist kein Selbstzweck, sondern ein Hilfsmittel für sinnvolle Fragestellungen.

Die Leitlinie 3 unterstützt beispielsweise den Vorschlag, nicht nur personenbezogene Daten im Rahmen von Marketing- und Vertriebskampagnen mit Big-Data-Technologien zu berechnen. Es bleibt über Marketing-Kampagnen und personalisierte Werbung noch ein weites Feld an Anwendungen wie die Autoren es angerissen haben.

Von besonderer Bedeutung ist die vierte Leitlinie, nach der die Interessen der Beteiligten abgewogen werden müssen. Personenbezogene Daten dürfen nur bei berechtigten Interessen der verantwortlichen Stellen verarbeitet werden und es dürfen keine Interessen der Betroffenen dagegenstehen.

Die Leitlinie 6 ist hervorzuheben, weil sie nahelegt, einen Nutzen für den Verbraucher als Datenlieferanten zu schaffen. Dieser Nutzen lässt sich als simple Kompensation mit Geld ebenso erreichen wie durch eine zusätzliche Dienstleistung. Die bloße Bereitstellung einer Dienstleistung nach dem Motto „jetzt noch besser" erfüllt nicht zwingend diese ethische Leitlinie.

Die Gesellschaft in den westlichen Industrieländern wird im Rahmen sogenannter disruptiver Technologien auch mit einer weiteren Facette der ethischen Debatte konfrontiert: Viele geltende Gesetze haben eine Jahrhunderte, wenn nicht Jahrtausende lange Tradition – und es lässt sich nicht immer diskursfrei darstellen, ob diese Gesetze zu Ideen, Konzepten, Produkten oder Dienstleistungen passen, die es erst seit wenigen Jahren überhaupt gibt. Gerade vor diesem Hintergrund sind die Entscheider in den Unternehmen bei der Entwicklung und Anwendung von Big-Data-Analysen gefordert. Ethische Grundsätze müssen bedacht werden, und im Zweifelsfall lassen sich auch die bestehenden Gesetze immer auf neue Technologien anwenden.

Wünschenswert wäre, dass sich die Industrie über ihre verschiedenen Branchenverbände nicht nur auf Richtlinien einigt, sondern auch Prüfkriterien für die Wahrung der Ethik erarbeitet. Diese Prüfkriterien sollten Anbieter und Unternehmensanwender gleichermaßen zwingen, gesetzliche und ethische Werte vor das Gewinnstreben zu stellen.

5.2 Zusammenfassung

- Big-Data-Technologien, die sich auf die Verbraucher auswirken, sollten mit einem klaren Nutzenversprechen und einer Vergütung eingesetzt werden. Das kann bedeuten, dass Unternehmen für die Erlaubnis, personenbezogene Daten verarbeiten oder im Rahmen von konkreten Projekten weitergeben zu dürfen, bezahlen müssen.
- Big-Data-Technologien dürfen nicht zum Nachteil von Menschen eingesetzt werden, wie zum Beispiel durch die Vorhersage von Erkrankungen aufgrund einer Analyse von Bevölkerungs- und Umweltdaten und einer daraus entstehenden Malus-Kalkulationen in der Krankenversicherung.
- Die Erziehung der Gesellschaft sollte nicht die Aufgabe von Big-Data-Analysen sein, wie es unter anderem durch den Einsatz von Fitness-Armbändern suggeriert werden könnte, auch wenn die Verbesserung der Gesundheit der gesamten Gesellschaft volkswirtschaftliche Vorteile bietet.

Literatur

Bitkom (Hrsg.) (2015): Leitlinien für den Big Data Einsatz, Berlin

Was Sie aus diesem *essential* mitnehmen können

- Ideen und Anregungen für Ihre Unternehmensprojekte im Kontext von Big Data
- Hinweise auf weiterführende Literatur und Studien

A. Gadatsch und H. Landrock, *Big Data für Entscheider*, essentials,
DOI 10.1007/978-3-658-17340-1

Printed in the United States
By Bookmasters